今天，你要学会控制情绪

JINTIAN
NIYAOXUEHUI
KONGZHI
QINGXU

姚颖◎著

金城出版社
GOLD WALL PRESS

图书在版编目（CIP）数据

今天，你要学会控制情绪 / 姚颖著 .—北京：金城出版社，2017.9

ISBN 978-7-5155-1539-7

Ⅰ . ①今… Ⅱ . ①姚… Ⅲ . ①情绪 - 自我控制 - 通俗读物
Ⅳ . ① B842.6-49

中国版本图书馆 CIP 数据核字（2017）第 213691 号

今天，你要学会控制情绪

作　　者　姚　颖
责任编辑　王秋月　李凯丽
开　　本　710 毫米 ×1000 毫米　1/16
印　　张　14
字　　数　168 千字
版　　次　2017 年 9 月 1 版　2017 年 9 月第 1 次印刷
印　　刷　北京市昌平新兴胶印厂
书　　号　ISBN978-7-5155-1539-7
定　　价　32.00 元

出版发行　金城出版社　北京市朝阳区利泽东二路 3 号 10102
发 行 部　（010）84254364
编 辑 部　（010）84250838
总 编 室　（010）64228516
网　　址　http://www.jccb.com.cn
电子邮箱　jinchengchuban@163.com
法律顾问　陈鹰律师事务所（010）64970501

心灵启示录

成功学大师奥格·曼蒂诺曾写过这样一段文字，对我们控制自己的情绪大有裨益：

今天，你要学会控制情绪。

潮起潮落，冬去春来，夏末秋至，日出日落，月圆月缺，雁来雁往，花飞花谢，草长瓜熟，自然界万物都在循环往复的变化中，你也不例外，自己的情绪会时好时坏。

今天，你要学会控制情绪。

这是自然界的游戏，很少有人窥破天机。每天你醒来时，不再有旧日的心情。昨日的快乐已变成今日的哀愁，今日的悲伤又转化为明日的喜悦。你心中像有一只轮子不停地转着，由乐而悲由喜而忧。这就好比花儿的变化，今天绽放的喜悦也会变成凋谢时的绝望。但是你要记住，正如今天枯败的花儿蕴藏着明天新的种子，今天的悲伤常常预示着明天的快乐。

今天，你要学会控制情绪。

情绪具有自然的本性，除非你以自制的力量驾驭它，否则，你迎来的又将是失败的一天，花草树木，随着气候的变化而生长，但是，你要为自己创造天气，学会用自己的心灵来弥补气候的不足。如要你为顾客带来风雨、忧郁、黑暗和悲观，那么他们也会报之以风雨、忧郁、黑暗和悲观，而他们说什么也不会买你的货。相反，如果你为顾客献上快乐、喜悦、光明和笑声，他们也会报以欢乐、喜悦、光明和笑声，你就能获得销售上的丰收，赚取成仓的金币。

今天，你要学会控制情绪。

你怎样才能控制自己的情绪，让每天充满幸福和欢乐呢？你要学会这个千古永恒的秘诀：弱者任思绪控制行为，强者让行为控制思绪。

从今往后，你明白了，只有低能者才自感江郎才尽，你并非低能者，除非你使自己变为一个情绪的人。你必须不断对抗那些企图摧毁你的力量，尤其是隐藏在心里的顽疾。失望与悲伤人们一眼就会识破，而其他许多敌人却不易觉察。它们往往面带微笑，披着善意的伪装招手而来，却随时可能将你摧毁。对它们，你永远不能放松警惕。

今天，你要学会控制情绪。

有了这项本领，你就更能体察别人情绪的变化，能宽容那些怒气冲冲的人，因为他们的心灵还很脆弱，尚未懂得控制自己的情绪。你体谅那些指责和教训你的人，因为你知道明天他们会改变，会重新变得随和亲近。

你不再只凭自己的好恶来判断一个人，也不再因一时的怨恨与人绝交，今天不肯花一分钱购买金蓬马车的人，明天或许会用全部家当换取树苗。知道了这个秘密，你就等于具备了赚取更大财富的本领。

今天，你要学会控制情绪。

你从此领悟了人类情绪变化的奥秘，对于自己千变万化的个性，你不再听之任之。

你已经知道，只有积极主动地控制情绪，才能掌握自己的命运。

你控制自己的情绪，你掌握自己的命运，你就能成为世界上最伟大的成功人士！

目 录
Contents

第一章

每个人的情绪知多少

“情”为何物?

周末，15 岁的麦蒂想和父母开个玩笑，躲在衣橱里，待父母访友归来时，突然跳出来吓他们，而当时已是凌晨一点多了。

但爸爸妈妈以为麦蒂当晚会去朋友家玩，因此当他们进门听到屋里有声音时，便高度紧张与恐惧。父亲不由自主地掏出手枪，小心翼翼地走进女儿房间，只见一个人影从衣橱里跳出来，父亲慌乱中扣动了扳机，打中了女儿的颈部，后虽全力抢救，但仍未能活下来。为此，夫妇俩悲痛欲绝，痛不欲生。因为麦蒂是一个非常聪明、活泼可爱的孩子，学习成绩也非常优秀。可惜由于其父母未能很好地驾驭自己的情绪，因而导致了这一悲惨结局。枪杀女儿的阴影笼罩着他俩一辈子。

麦蒂的故事是人类情绪化的悲惨结局。事实上，人类在面临危险、痛失亲人、遭遇挫折、维系夫妻关系等决定个人发展前途及命运的重要情境时，都不容理智独力担纲，而必须依赖情绪的指引。

英国一位文学家曾说过：“对好思索的人而言，生命是喜剧；对只凭感觉的人而言，生命是悲剧。”

人在生活中，随时随地都会发生喜怒悲惧等情绪、情感的起伏变化，人的一切活动无不打上情绪的印迹。情绪像是染色剂，使人的生活染上各种各样的色彩；情绪又恰似催化剂，使人的活动加速或减速地进行。人需要的、快乐的情绪，它是获得幸福与成功的动力，使人充满生机；人也会体验焦虑、痛苦等消极的情绪，它使人心灰意冷，沮丧消沉，若不妥善处理，还可能严重危害身心。人的一生，就是这样游弋在情绪海洋中，在色彩斑斓的情绪世界里领略着人生五味。古往今来，人们为此感叹，亦为此迷惑，不断提出一个古老又常新的问题：“情绪、情感究竟是什么？”

情绪的定义

情绪泛指一个人心灵、感觉、感情的骚动，指任何激越或兴奋的心理状态。或指一个人的感觉及特有的思想、生理与心理状态及其相关行为倾向。如愤怒、恐惧、痛苦、羞耻、忧伤、冲动、讥讽、自卑、暴力、快乐、兴奋、自信、爱心、毅力、迷恋等都是。人的一切言行及其最终结局皆源于人的情绪及心理活动。

从对人的作用，或者从“人生里的意义”这个角度看，情绪不只如上述定义那么简单。在这里，让我们先介绍情绪的 7 种意义：

1. 情绪是生命中不可分割的一部分

从生理学的角度分析，情绪其实是大脑与身体的相互协调和推动所产生的现象，因此，一个正常的人，必然是有情绪的。不仅如此，没有某些情绪的人，其实是有缺憾、不完整的人，其人生不是有欠缺，就是极之痛苦。

2. 情绪绝对诚实可靠和正确

除非我们内心里的信念、价值观和规条系统有所改变，否则，每次对同样的事我们都会自然地有同样的情绪反应。如果你是一个对死老鼠或者某些事物特别反感或害怕的人，每次偶然遇上，你的惊叫、跳起来或者其他的行为，不是每次都一样，并且马上出现吗？某人的嘴脸，或者他说的某些话，在你每次遇到他时不是都触起你同样的情绪反应吗？

3. 情绪从来都不是问题

如果你感到不适去看医生，医生说你的额头很烫，需要做手术切除，你会觉得这个医生精神有点儿不正常吧？人人都知道额头很烫是身体有病的症状，可能是肠胃有毛病，也可能是感冒。症状使我们知道健康有问题，但它本身不是问题。情绪也是一样，它只是症状而已，可是绝大部分人都把情绪看作是问题本身（家长往往针对孩子的情绪而加以斥责，目的只是制止情绪的出现，便是最普遍的例子），情绪只是告诉我们，人生里有些事情出现了，需要我们去处理。

4. 情绪是教我们在事情中该有所学习

人生中出现的每一件事都是提供我们学习怎样使人生变得更好的机会。情绪的出现，正是保证我们有所学习。每份情绪都有其意义和价值，不是给我们指明一个方向，便是给我们一份力量，甚至两者兼有。如果我们没有不甘心被别人看低的感觉，我们便不会如此发奋；如果我们没有痛的感觉，我们便不会把手从火炉上抽回；如果我们没有恐惧，生命会变得多么脆弱！

5. 情绪应该为我们服务，而不应成为我们的主人

如果情绪能被妥善运用，是可以使人生变得更好的。只是要“运用”它，必须先使它臣服，受你驾御。情绪既是生命的一部分，就像我们的手与脚、过去的经验、累积了的知识能力等，是为我们服务，使人生更美满的。可惜的是，在今天社会上有很多人都陷入了迷惘苦恼中，不能自拔，成为了自己情绪的奴隶，而不是驾御自己情绪的主人。这种情况是可以扭转的，有很多技巧可以帮助每一个人成为自己情绪的主人。

6. 情绪是经验记忆的必需部分

我们的大脑在把摄入的资料储存为记忆的过程中，把这些资料的意义决定下来是最重要的一个程序，我称之为“编码”程序。这个程序其实是把摄入的资料与已存的过去资料做比较合并后得出的模糊意思，经由我们的信念、价值观和规条系统做一次过滤，所得出的意义才能纳入我们的记忆系统做长期储存。这份意义必有一份感觉并存。没有此等感觉的，便是没有做或者未做好“编码”的程序。何以见得？你少年时在学校曾经熟读的那些书的内容，现在还记得多少？相反小学三年级时被老师罚站在教室门外的一次经历，却永世难忘。何解？那便是因为前者未做好“编码”工作，而后者做好了。如果说《长恨歌》那么长的唐诗你也记得，那是因为诗中的每一句，你都有很深的感觉。所以，感觉是记忆储存的必需部分。

7. 情绪就是我们的能力

活到今天，你当然拥有很多能力，在很多事情上，你都有自信、勇气、冲动，或者是冷静、轻松、优悠，或者是坚定、决心，也或者是创造力、幽默感，更或者是敢冒险、灵活、随机应变……所有这些能力，细想一下，你会发觉都是一份感觉，一份内心里的感觉。即使有知识、技能和其他的资源去助你，使用这些资源的原动力，仍是这份内心里的感觉。没有这份感觉，我们即使具备了这些资源也不会去用，或者用不好。

情绪的特性

情绪的生理特性

情绪发生时，个体身体内部会出现一系列明显的生理变化，这是情绪的一个重要特点，我们称之为情绪的生理特性。

所谓“测谎机”，也就是根据“说谎—紧张—生理反应”的原理制作的一种包括测试皮肤电、脑电波、呼吸、脉搏、血压等反应在内的多道生埋仪。

情绪的外显特性

当个体发生情绪时，还会出现身体的外部变化，这是情绪不同于其他心理现象的又一个显著特点，我们称之为情绪的外显特征。这种情绪的身体外部变化，就叫作表情。

情绪的三个基本成分：表情行为、情绪的生理反应、情绪的主观体验。

表情分言语和非言语表情。言语表情是通过一个人言语时的音高、音响、音速、停顿等变化来反映其不同的情绪。非言语表情又包括面部表情和体态表情两方面。

表情的特点：第一，表情具有先天性；第二，表情具有后天性；第三，表情具有可控性。

情绪的情景性

特定的情景产生相应的情绪，当这种情景小时改变后，情绪也会随之改变。

当一个人获得成功时，一般会产生兴奋、欢快、喜悦、满足等情绪；当一个人遭受失败时，则可能会出现悲伤、沮丧、失望、不满等情绪。

情绪种类繁多，差别细微，变化多端，复杂异常，其短暂性更为明显，瞬息万变屡见不鲜。

情绪的两极性

情绪具有两极性。它首先表现为情绪的肯定的和否定的对立性质。如满意和不满意、愉快和悲伤、爱和憎等等。在每一对相反的情绪中间存在着许多程度上的差别，表现为情绪的多样化形式。构成肯定或否定这种两极的情绪，并不绝对互相排斥。客观事物是复杂的，一件事物对人的意义也可以是多方面的，因此，处于两极的对立情绪可以在同一事件中同时或相继出现。例如为崇高事业而壮烈牺牲的烈士的亲人，既体验着对烈士为国捐躯的崇高爱国主义的荣誉感，又深深感受着失去亲人的悲伤。革命者的坚韧性正表现在这样的体验中。

情绪的两极性可以表现为积极的或增力的和消极的或减力的。积极的、增力的情绪可以提高人的活动能力，如愉快的情绪驱使人积极地行动；消极的、减力的情绪则会降低人的活动能力，如悲伤引起的郁闷会削弱人的活动能力。在不同的情况下或不同的人，同一些情绪可能既具有积极的性质又具有消极的性质。例如恐惧易于引起行动的抑制，减弱人的精力，但也可能驱使人动员他的精力向危险情景进行斗争。

情绪的两极性还可以表现为紧张和轻松（紧张的解除），这样的两极性常常在人的活动的紧要关头，或人所处的情景的最有意义的关键时刻表现出来。例如考试或比赛前的紧张情绪，和这样的处于关键时刻的活动过去以后出现的紧张的解除和轻松的体验，能代表这种两极性。紧张决定于环境情景的影响的行动、任务的性质，如客观情景所赋予的对人的需要的急迫性、重要性等；也决定于人的心理状态，如活动的准备状态，注意的集中，脑力活动的紧张性等。一般来说，紧张与活动的积极状态相联系，它引起人的应激活动，有时候过度的紧张也可能引起抑制，引起行动的瓦解和精神的疲惫。

情绪的两极性还可以表现为激动和平静。激动的情绪表现为强烈的、短暂的然而是爆发式的体验，如激愤、狂喜、绝望。激情的产生往往与人在生活中占重要地位、起重要作用的事件的出现有关，同时又出乎原来的意料，违反原来的愿望和意向，并且超出了意志的控制之外。与短暂而强烈的激情相对立的是平静的情绪，人在多数情景下是处在安静的情绪状态之中的，在这样的场合，人能从事持续的智力活动。

最后，情绪的两极性还可以表现在强度上，即从弱到强的两极状态。许多类别的情绪都可以有强—弱的等级变化，如从微弱的不安到强烈的激动，从愉快到狂喜，从微愠到暴怒，从担心到恐惧等等。情绪的强度越大，整个自我被情绪卷入的趋向越大。情绪的强度决定于引起情绪的事件对人的意义以及个人的既定目的和动机是否能够实现和达到。

以上从情绪的两极性的分类中归纳了情绪的某些表现形式上的特征，这些特征是从不同的侧面，又从每一侧面的两极形式加以归类的。这些从不同侧面归纳出来的情绪的表现形式，往往成为人们度量情绪的尺度。即情绪的强度、情绪的紧张度、情绪的激动程度、情绪的快感程度、情绪的复杂程度等。

情绪的变幻

一个震惊世界的重要时刻，北京时间 4 日 12 时 35 分，地点是美国宇航局指挥中心，全世界瞩目的焦点。

“我们回来了。我们登上火星了。”一个狂喜的美国宇航局官员在高声叫喊着，刚才的压抑与安静的气氛被彻底打破了。所有的科学家、政府官员和工作人员，兴奋地拥抱在一起。这里面还有一个身穿美国星条旗图案、戴着眼镜的黄皮肤年轻人，挥舞着右拳，满脸兴奋地欢呼，情不自禁地在人丛中转着圈子，手舞足蹈，他就是在这次计划中起着关键作用的是华裔科学家李炜钧……

科学家获得重大科学成果是那种兴奋情绪溢于言表，他们对科学发现的强烈感受，以及欣喜若狂的情绪状态，极其真切地让人们分享着。这样的情绪状态，也只是众多情绪状态中的一种。

作为具有多种变相形式的情绪状态，比较常见的有心境、激情、应激三种。

心境状态

心境是一种比较微弱而在较长时间里持续存在的情绪状态。心境不是关于某一事件的特定体验，它具有广延、弥散的特点；它似乎成为一种内心世界的背景，每时每刻发生的心理事件都受这一情绪背景的影响，使之产生与这一心境相关的色调。

心境对人的生活、工作、学习有着直接而明显的影响，能对人的情神状态产生很大的影响。当人们处在某种心情时，在几乎完全没有意识到的情况下，这种心情就不自觉地扩散到人们的活动过程中，使其以同样的情绪状态看待一切事物，从而对人们的行为产生影响。心境状态的形成往往由对人有重要意义的情况所引起而滞留在心理状态之中。举凡工作的顺逆、事业的成败、人际关系、健康状况，甚至天气、环境，都可成为某种心境的原因。有重大影响事情的回忆、无意间的浮想也会导致与之相关心境的重视。人对引起心境的原因并不都能清楚地意识到，但它的出现总是有原因的。

心境对人的生活活动有很大的影响。积极、良好的心境有助于提高效率，克服困难；消极、不良的心境使人厌烦、消沉。除了外界因素可以影响人的心境外，身体的自我感觉（如健康状况、个性特点等）也可以引起心境的变化。例如，心境稳定与否与人的个性特征息息相关，乐观洒脱的人心境一般都很愉快，而悲观狭隘的人心境通常都很郁闷。

在日常生活中，人们很难发现引起心境变化的原因，经常听人说："不知道怎么搞得，这几天烦透了。"当一个人意识到自己的心境不好的时候，就应当努力找到导致这种心境的原因，并设法改变这种情绪状态。与那些飘忽不定、影响时间较短的心境相比，每个人所特有的稳定心境才是构成人们各自独特性格的主要原因。

一个人稳定的心境是由其占主导地位的情感体验所决定的。例如，有的人总是生气勃勃、笑口常开，这种人的愉快的心境占主导地位；有的人总是死气沉沉、愁容满面，这种人的忧伤的心境占主导地位。我们要注意培养、保持积极健康的稳定心境，和谐的人际关系、积极向上的生活态度、健康的身体等，都是形成积极性稳定心境的话总要条件。

因此，对自己或他人心境的觉知，有助于对消极心境的克服。

激情

激情是一种强烈的、爆发式的、短暂的情绪存在形式。激情属于在"激动—平静"维量中偏激动一极的情绪。激情常常是由意外事件或对立意向冲突所引起的。激情可以是正性的，也可以是负性的。暴怒、惊恐、狂喜、悲痛、绝望的激烈状态都是激情的例子。

激情有明显的外部表现，整个人都被卷进。在激情状态下，人的认识活动范围往往会缩小，在短暂时间内，理智分析和控制能力均会减弱。因此，对负性的过分激动应当避免。例如，使注意转移以冲淡激情爆发的程度。积极性质的激动虽有动员人的力量的作用，但过度激动并不十分可取。

应激

应激是在出乎意料的紧急情况下所引起的情绪状态。例如汽车司机在驾驶过程中出现危险情景的时刻，地震、火警等时刻，都会使人发生应激状态。应激被认为是一种紧张而带有不愉快的情绪。应激英文 Stress 是是由拉丁语 stringer 所派生，意为“费力地抽取”或“紧紧地捆扎”。运用于心理生理反应中，含有紧张的意思。指紧张而带有压力的情绪状态。应激与其他情绪相结合可以形成各种复合性的情绪。如与痛苦、惧怕、失望等情绪相结合表现为抑郁性紧张；如与恐惧、厌恶、愠怒等情绪相结合，表现为焦虑性紧张，等等。引起应激的原因是多种多样的，但它们通常不能直接引起个体的应激。

研究表明，在刺激与应激之间还有许多中间因素，如生活经验、应付能力、个性特点、健康状况、认知评价、理想和信念、社会支持等等。产生应激状态的认知原因有：

（1）个人已有的知识经验与当前所面临的任务的新要求不相一致或者是新异情境的要求是过去所从未经历过的，这时就会导致应激状态。

（2）个人已有的知识经验使人对当前的境遇感到无能为力，也会导致应激状态。人长期处于应激状态下，对健康不利，甚至会有危险。加拿大生理学家谢尔耶等人的研究表明，人长期处于应激状态会击溃一个人的生物化学保护机制使人的抵抗力降低，容易得病，引起“一般适应综合症”。在生活中要尽量减少和避免不必要的应激状态，并且还要学会科学地对待应激状态。

情绪还有一种表现状态，就是表情

表情是表达情感状态的身体各部分的动作变化模式。表情动作是一种独具特色的情绪语言，它以有形的方式体现出感情的内在体验，成为人际间感情交流和相互理解的工具之一。也是了解感情的主观体验的客观指标之一。

1. 表情类别

表情包括面部表情、姿态表情和声调表情。面部表情是额眉、鼻颊、口唇等全部颜面肌肉的变化所组成的模式。例如愉快时额眉平展、面颊上提、嘴角上翘；悲伤时额眉紧锁、上下眼睑趋近闭合，嘴角下拉；轻蔑时嘴角微撇、鼻子耸起、双目斜视等，形成标定各种具体情绪的模式。由于面部表情模式能最精细地区分出不同性质的情绪，因而是鉴别情绪的主要标志。姿态表情是除颜面以外身体其他部分的表情动作，例如狂喜时捧腹大笑，悔恨时捶胸顿足，愤怒时磨拳擦掌等。其中，手势是一种重要的姿态表情，它协同或补充表达言语内容的情绪信息。手势表情是后天习得的，由于社会文化、传统习惯的影响而往往具有民族或团体的差异。

面部表情和姿态表情均由随意运动所支配，因此可在一定程度上被随意地控制。姿态表情虽不像面部表情那样能细微地区分各种情绪，但它能与面部表情一起表露情绪信息。也往往在人有意地控制面部表情时，而由身体姿态泄露真情。例如，一个人用和蔼微笑的面容去掩饰对对方的愤怒时，他那紧握的拳头、僵硬的肢体却明白无误地泄露了真情实感。除面部表情、姿态表情外，声调也是表达情绪的一种形式。声调表情指情绪发生时在语言的音调、节奏和速度方面的变化。例如，悲哀时语调低沉，语速缓慢；喜悦时语调高昂，语速较快。此外，感叹、烦闷、讥讽、鄙视等也都有一定的音调变化。语言是交流思想的工具，言语中音调的高低、强弱，节奏的快慢等所表达的情绪，则成为言语交际的重要辅助手段。在上述 3 种表情形式中，姿态表情和声调表情都不具有标定特定情绪的特异模式，唯独面部表情所携带的情绪信息具有特异性。因此，面部表情在情绪的通讯交流中起主导作用，姿态和声调表情则是表情的辅助形式。

2. 面部表情的先天预成性与后天习得性

面部表情是先天程序化的模式。达尔文在《人类和动物的表情》一书中总结道：“表情是动物和人类进化过程中适应性动作的遗迹。”在种族进化过程中，有些对机体生存具有适应价值的面部动作，最初并不是有意识地传达情绪的。但由于其适应意义，在漫长的演化过程中逐渐形成固定的生理解剖痕迹而遗传下来，发展成为表达特殊情绪的面部肌肉模式。

例如，啼哭时嘴角下撇、眉眼皱起的面部模式源自人类祖先在困难、痛苦中求援的适应性动作；愤怒时咬牙切齿、鼻孔张大的面型是准备搏斗时的适应性动作；厌恶表情源自呕吐的面部动作。这说明面部表情是具有原始的生物学根据的。

许多研究都证明了面部表情的先天预成性。首先，婴儿生来就具有表情，在出生后一年内，婴儿逐渐显露出兴趣、愉快、厌恶、痛苦等基本情绪表情，这些表情是随婴儿生理成熟而逐渐显现的。其次，先天盲婴在发生早期显露与正常婴儿同样的面部表情。只是由于盲婴得不到来自成人面部表情的视觉强化，他们的表情才在以后逐渐变得淡薄。再次，跨文化研究表明，基本情绪的面部表情模式通见于全人类，具有跨文化的一致性。艾克曼在60年代做的一项研究表明，从未与西方文化有过任何接触的新几内亚原始部落民族，按照向他们讲述的故事情节，能准确判别西方人的面部表情（照片）所感染；而这些原始部落人的表情模式也能被西方人的面部表情（照片）；而这些原始部落人的表情是先天预成的程序化模式。正如艾克曼所说的那样，外国人的表情不是“外国语”；表情在很大程度上使人相通。表情在个体发展中不断受到社会文化的影响，使得表情的显露从先天预成性向整合性、随意性转化。

诚如前述，为了适应社会情境、文化规范以及人际关系的需要，表情经常被主体所修饰。表情的随意性体现了情绪的社会适应性，是情绪的生物适应性在人类身上的延伸。面部表情的社会化使得人类表情极大地复杂化起来，具有后天习得的性质，所以面部表情兼有先天预成性和后天习得性。

先天盲童的表情不像常人那样灵活与丰富，且日见匮乏和单调的情况说明，社会强化对于表情的维持与发展起着重要的作用。面部表情社会化的另一结果是形成文化差异。在不同民族之间，某些带有特定文化意义的表情信号可能是不相通的，而且在表情规范方面也存在着文化差异。

例如，中国传统文化讲究含蓄，情绪的喜怒不形于色；日本人强调礼仪，在陌生场合绝不表现愠怒；而美国人则追求个性，情绪表达较为开放。

情绪的钟摆效应

情绪本身没有好坏之分。情绪就如世上所有事物一样，应以对人生的成功快乐有没有贡献为衡量标准，有没有这个效果决定了一种情绪状态是好还是坏。传统上，我们认为某些情绪是不好的，例如愤怒、悲伤，称它们为负面情绪，于是，世上就有了正面（好的）情绪和负面（不好的）情绪。

有人因为压力太大，受不了情绪上的折磨，学会了“麻木感觉”，听之任之，意思是不再对事情有同样的情绪反应。这是一种保护机制，短期如此，是没有问题的，但是如果长期这样，就会对这个人有很大的损害了。也就是常说的情绪适应不良。

原来，当一个人在某种情绪上调减了反应的强度时，他在所有其他情绪上也会有同样的减少。那些所谓负面的情绪减少了，正面的情绪也会同样地减少，就如同钟摆的摆动一样。

对别人的责骂，这个人“反应麻木”了，不觉得像以前那样愤怒；看了电影《妈妈再爱我一次》，他也不会像其他人那样难受；“有什么好哭，只不过是电影而已！”同时，对一个笑话他也不会感到好笑：“有什么好笑？只不过是笑话而已。”不好的事不会创伤他，好的事也不会使他欢欣、喜悦、满意和骄傲！

情绪麻木，日久天长，他就会对任何事情他都没有了感觉，变成了一个能够走动的植物人了！每天的生活枯燥乏味，有一天他醒来会问自己：“生活的意义是什么？每天的挣扎，难道只为延续这种没有乐趣的存在？”

应该怎样做？与那个人刚好相反，把自己的情绪强度尽量扩大。如此，每天每件事给我们的喜悦、满足、自豪、信心，我们会完全得到，并达至到极点，心中充满人生的意义和乐趣。偶然有一次，事情给我们负面的情绪，虽然强度达到，但因为每天所得的喜悦、满足，自豪、信心再多，我们也能承受了。何况，我们有种类繁多的技巧去处理“负面”的情绪：消除、化淡、运用、配合。

“正面”情绪我们充分享受，完全拥有；“负面”情绪有这么多的方法去处理，成功快乐的人生，便是如此掌握。

第二章

体察你自己的情绪

认识自己的情绪

一个好斗的武士向一个正在打坐静思的老禅师询问天堂和地狱的区别。

老禅师说："你性格暴躁，行为粗鄙，我没有时间和你这样的人论道。"

武士顿时恼羞成怒，拔剑架在老禅师的脖子上大吼："你敢对我无礼，看我一剑杀了你！"

禅师慢慢地说道："这，就是地狱！"

武士恍然大悟，心平气和地放下剑，伏地鞠躬，感激禅师的指点。

禅师又说："这，就是天堂！"

像那位武士一样，我们求助的原因众多，其中不乏因为对其本人，对他人，甚至对所身处的环境感到困惑。这些困惑常经由不同的情绪状态表达出来。有人沮丧，有人忧心忡忡，有人深感自卑，处处不如人，有人吸毒、酗酒，有人得了胃溃疡，有人更严重的精神崩溃，甚至以自杀来结束生命。

往往我们在陷入某种情绪的时候并不清楚自己已经深入魔道，总是在事情发生过后，经过有意识的反省才会发觉。

了解负向情绪的征兆！

当自己生气的时候，自己一定会察觉到“我在生气吗”？未必！我们情绪起了变化的时候，注意力会放在引起情绪反应的事情上，也就是陷入情绪当中，无法“跳出来”。经常在事后，才察觉到“我刚才很生气”。试着在有情绪反应时，除了注意到引起情绪的事件之外，也能分些注意力去体察自己内心的情绪状态。

未雨绸缪，提前做好应退情绪变化的准备。格尔曼认为，几乎所有的情绪都是进化配制好的程序，使驱动人们应付环境、即刻行动的反应冲动。

人类情绪反应的每一种都由其独特的功能，各有其不同的生物特征。以下就是格尔曼列举的，促使有机体做出不同反应的情绪生理机制：

人在愤怒时，血液涌向手部，便于抓住武器，打击敌人。此时心率加快，肾上腺素类激素分泌猛增，注入血液，产生强大的能量，应付激烈的行动。

人在恐惧时，血液流向大骨骼肌，如流向大腿，以便于奔跑；脸部则因缺血而变得惨白，同时会有血液流式的“冰冷”感觉。而能有一瞬间，躯体僵化，也许是争取时间来衡量藏匿是否为上策。大脑的情绪回路中枢激发大量激素，使躯体处于全面警戒状态，一触即发，密切注视逼近的威胁，随时采取最佳的反应行动。

人在快乐时，大脑中枢抑制消极情绪的部位激活，产生忧虑情绪的部位则沉寂，准备行动等能量增加。不过，除这种静止状态外，并无其他特殊的生理变化，这将有利于机体从消极情绪的生理激发状态迅速恢复。这一机制不仅可使机体以逸待劳，而且还有养精蓄锐之意，可随时迎接一次挑战。

爱、温柔、性满足则激活副交感神经系统，在生理反应上，刚好与恐惧和愤怒引发的“战斗或逃跑”反应相反。副交感神经系统主要是“放松反应”，使机体处于一种平静和满足的状态，乐于合作、配合。

人在惊讶时，眉毛上扬，扩大了视觉搜索范围。视网膜上接收到更多的刺激，可获取意外事件的更多信息，有助于更准确地判断事件性质及策划最佳行动方案。

人在烟雾里，上唇扭向一边，鼻子微皱。这种表情几乎全世界一样，明白无误地显示：某种气味令人恶心。达尔文认为这是为了关闭鼻孔，组织吸入讨厌的气味，或者张嘴呕出有毒食物。

悲哀的主要功能是帮助调试严重的失落感，注入最亲近的人失去或重大失败等。被爱减退了生命的活力与热情，对消遣娱乐已全无兴致，继续下去几成抑郁，机体的新陈代谢也因之减慢。但这种回撤提供了一个反省的机会：悲悼所失，同时细嚼生命希望之所在，重聚能量，重整旗鼓，从头再来。

悲哀可能是能量暂时衰退，就早期人类而言，可把他们留在家里，因为此时他们较脆弱，易遭受伤害。其实这是一种安全保护机制。

很多时候，人们在尚未知晓有某事发生之前，已出现该种感受的生理反应。举例来说，当怕蛇的人看到设的图片时，皮肤的感觉器可观察到汗水冒出来，这就是焦虑的征兆，但这个人并不一定感觉害怕。

在图片只是快速闪过的时候，他甚至没有明确意识到看见什么，当然也不可能开始感到焦虑，但仍然还是会有冒汗的想象。

当这种潜意识起的情绪刺激持续增强时，最后终将凸显于意识层。可以说人们都有意识和无意识两层情绪，情绪到达意识层的那一刻，表现在前额叶皮质留下了记录。

在意识层之下，某些激昂沸腾的情绪会影响人们的反应了，虽然他对此可能茫然不知。比如说，你早上出门时摔了一跤，到单位后好几个小时都因此烦躁不安，疑神疑鬼，乱发脾气。但是你对这种无意识层的情绪波动一无所知，别人提醒你时你还颇为惊讶。

一旦这种反应上升到意识层，便会对发生的事重新评估，决定是否抛开早上的事带来的不愉快，换上轻松的心情。

拆除你的情绪地雷

在一个企业中，一位男性主管很烦恼：“我发现自己很容易发火，每当碰到员工或客户开会不守时，我就会怒火中烧，往往忍不住指责对方不够尊重，因此得罪了不少人。”他继续说：“我也知道这么做不好，可是我就是控制不了，怎么办呢？”

同样的情绪状况再三出现，这的确是许多人常见的情绪难题。为什么会如此呢？

为什么情绪会重蹈覆辙？

如果你仔细想想，就会发现自己的情绪反应其实是很固定的模式。会让自己生气的，往往就是那几种状况；而会让自己感到沮丧的，也不外乎某几样事件。每当这些特殊的情境发生时，我们就会启动固定的情绪反应，如同计算机设定好的程序般，很自然地就会发生。这是因为你我所有的学习经验，都会在大脑中产生新的神经回路，情绪反应的学习自然也不例外。所以当我们第一次碰到别人约会迟到，就忍不住将自己的不满宣泄出来，这个情绪反应的经验就形成了一个新的神经回路；如果自己不去有意识的加以修正，以后只要再碰到类似的状况，就会不经思索地再次做出大声斥责的行为。

所以，这也就是为什么我们常常在情绪上重蹈覆辙的原因。而如果这些负面的情绪反应模式不改变的话，你我就会发现自己老是为某事生气，不然就是经常为某事担心。这些负面情绪久久不处理，就容易造成身心失衡的现象，也很容易让自己产生压力感。

找出你的情绪地雷区

及早改变情绪反应，进而阻止负面情绪的出现，是一项很重要的纾压技巧。

那么该怎么做呢？

首先该做的，就是找出自己的“情绪地雷区”。既然这些会引爆我们负面情绪的事件都有迹可寻，那么你我首要之务，就是应该把这些情绪引爆点搞清楚，我把它称之为“情绪地雷区”。

每个人都有自己独特的情绪地雷区，需要靠自我反省及检视，才能画出完整的情绪地雷图。一个人的情绪地雷区可能是另一个人的安全区，例如有人很在意别人守不守时；而另一个人对他人迟到完全不以为意，却很看不惯别人说谎。

会形成这些差别的原因，是因为每个人从小到大都有着不同的生活经验，父母亲的教导、自己的历练，再加上本身的个性，每个人的情绪地雷图于是也就有了不同的风貌。

画出你的情绪地雷图

怎么做，才能画出自己的情绪地雷图呢？

1. 情绪检视练习

请你回想过去一个月内，曾出现过如下情绪的情境（至少各列三项）：

＊当 ×× 时，我感到很难过（伤心）。

＊当 ×× 时，我感到很生气。

＊当 ×× 时，我感到很担心（害怕）。

＊当 ×× 时，我感到很厌恶。

＊当 ×× 时，我感到压力很大。

2. 思索自己的核心价值

所谓的核心价值，指的是你我心中那些根深蒂固的理念及想法，这些核心价值观的组合，就形成了我们每个人“我之所以为我”的基础。正因为如此，核心价值观并不容易改变，而且往往成了一辈子的坚持，如果任何人（包括自己在内）的言行违反了自己的核心价值，我们心中的怒火就会一触即发，毫无转圜余地地急速增温，也就往往成了情绪地雷。

例如，有人认为诚实很重要，是他的核心价值之一，那么只要他发现别人说话有所隐瞒，就很容易按捺不住，大发脾气。如果有人深信「人人平等」，要是别人说话时贬损了某个族群，或是老瞧不起哪个团体，他就会觉得此人大大不对，而马上面有愠色，挺身主持公道。

对了，这些对我们而言非常重要的信念，往往也就成了我们情绪地雷的导火线，所以当然得先检查一番。

要找出核心价值观，请试着回答下面的问题：

＊我认为一个人该表现出的理想特质包括。

＊对我而言，生活中有哪些价值及规范是非常重要的？

＊我欣赏的偶像身上具备哪些超赞的特质？

现在你该对自己的核心价值有所了解了吧？不论是“谦虚”“诚恳”“守信”“负责”等等，找出这些价值之后，不但能让自己更了解自己，也能有更多的线索去发现自己的情绪地雷。

3. 采取避雷方案

画出情绪地雷图之后，接着就得采取避雷方案喽。

首先，不妨把自己画好的情绪地雷图贴在显眼的位置，好时常提醒自己，这些地方是情绪死穴，该努力地开始自我扫雷计划。

怎么做？这就要靠你自己来发挥创意了，想想看，该怎么样才能让这些地雷不被引爆呢？

安排 B 计划

这是个很棒的做法。例如，你的情绪地雷是“他人迟到”，每次只要跟你约的人没准时，你就必定会暴跳如雷。现在呢，开始随身带本书，别人晚到了你就展开 B 计划，把书拿出来认真地看，既不会浪费时间，又可以避免自己因东张西望而把心情弄得焦躁不安。反正这会儿再急也于事无补，先拆了自己的地雷，你就会发现自己甚至能好整以暇地告诉来电道歉的朋友：“别急，慢慢来，反正我有事可做。”这么一来，既保住了自己的心情，又能征服朋友的心，岂不漂亮优雅多了？

自己的地雷自己拆，请快快想想，你能用哪些高招去拆除地雷呢？

公开自己的情绪死穴

另外，情绪管理高手也可以将自己的情绪地雷图和周遭的人分享，索性昭告天下，自己有着这些地雷区。

例如身为主管的人，就明白地告诉部属很容易让你情绪失控的情况是什么，然后笑着说："请大家多帮忙，在我还没成功拆雷前，请尽量避开我的死穴。"这么做不但救了自己，也帮助周遭的人避开地雷区，防止不知情人士误闯地雷丛林，而被炸得莫名其妙。

当情绪地雷一个个被拆除后，你会发现自己的情绪地雷版图日渐缩小，而自己的心情，就会愈来愈好了。

管理自己的情绪

第二次大战期间，德国集中营牢房每天都要处置一批战犯。处置的方式是让被处置的战犯蒙上眼睛，靠绞刑台直立站着，四周围满了其他等待处置的战犯，然后让杀手将战犯动脉血管割破，让血一点点往下面的血桶里面流淌，直到慢慢死去为止。在整个处置过程中，滴血的响声最让人揪心，让人害怕。具有讽刺意味的是有一次，在处置一个战犯时，所有的程序都相同，唯一改变的是杀手不是用刀刃，而是改用刀背，在另外一个等待处置的战犯手上轻轻的划了几下，然后叫人模仿滴血的响声，将水慢慢地倒在水桶里，这个等待处置的战犯，由于以前亲眼目睹过其他战犯被处死的整个过程，因而心里极度的恐惧，就这样，他也慢慢死去了。事实上，处死他的不是刀，而是他的心态或者说是他的情绪。

长期的负面情绪会危害身心健康，影响人的工作、学习与生活；反过来，正面情绪多少也有利于身心健康，对人的工作、学习与生活具有积极推动作用。当然，负面情绪也好，正面情绪也好，都是人类的一种习性，是人类社会发展过程中的一种催化剂。事实上，人生若没有激情将会成为荒原，会失去生命本身存在的价值。生活中再也没有什么东西比我们的情绪——我们心理的感觉——更能影响我们的生活了。然而正如亚里斯多德所说的，重要的是情感要适度，既要学会在适当的时候，适当的地点，用适当的方法表达出来，又要学会将负面情绪转化为正面情绪。情感太平淡，生活将枯燥乏味；太极端，又会成为一种病态，容易演出人生的悲剧。

克制不愉快的感受正是情感是否幸福的关键，而极端情绪正是情感不稳定的主要因素。但这不是说我们只应追求一种情绪，永远快乐的人生既做不到，也未免平淡泛味。痛苦也是人生的重要组成部分，痛苦能使灵魂得到升华。

苦乐同样使人生丰富多彩，重要的是苦乐必须均衡。如果说人生是一道复杂的数学题，则幸福感取决于正负情感的比例。

如果你正在开车赶路，碰上前面一位老年人，车开得很慢，你很可能会心急如焚，拼命按喇叭，大喊大叫，伺机冒险超车，甚至会情绪失控……事实上，若你静下来，想想你自己的老祖父，想想他们已经不多的人生时光，进而又想到自己也会到这一天时，你也许会平静许多，你完全不必气坏自己的身子，太不值得了！

你能掌握自己的情绪吗?

我国著名学者余秋雨先生，一次因事赴台北，当晚他的一位朋友把他带到台北最热闹的大街上去散步。突然“呼啦”一声，一盆水从高楼上泼下来，恰好浇在两人头上。他朋友急忙去找管理人员理论，但管理人员却不予理睬，他朋友因此气得双唇发抖，半天说不出话来，并准备武力解决。余秋雨先生却坦然一笑，拍拍他朋友的肩膀说：“按照逻辑，这只是一起很偶然的事情，说不定当事人正躲在屋里，连话也不敢说呢！”他朋友一听也笑了，于是两人又继续轻松地散步……

可以设想，如果余秋雨先生同他朋友一样感情用事，唇枪舌战乃至流血事件必定在所难免，而随后的结局肯定会让余先生失望。但余先生毕竟是个成熟的、极富涵养的人，他这种驾控情感的高超技艺为后人广为流传。也值得我们好好借鉴。

“人逢喜事精神爽，月到中秋分外明。”“抽刀断水水更流，以酒消愁愁更愁。”——这是不一样的心情。

情绪，是人对客观事物所持态度而产生的一切主观体验，伴随着一定的生理变化和面部表情，比较微弱，有时短暂，有时很持久，能影响人的整个精神活动，有的人认为，情绪可以从“愉快—不愉快”“紧张—轻松”“激动—平静”三个方面描述，也有人把情绪的内容分为“快乐、愤怒、警戒、憎恨、悲伤、恐怖、惊愕、接受”八个扇面。心情产生的原因有哪些呢？苏东坡说“人有悲欢离合，月有阴晴圆缺，此事古难全”。事实上，工作的顺逆、事业的成败、人们相处的关系、健康的状况，甚至自然环境的影响等，都可以成为引起某种心情的原因。

正常的心情应该是稳定而快乐的，是对主体的身体和工作都有益处的。在正常的生活中，心情可以有悲伤、惊惧等否定性情绪内容，但是必须是与引起这种情绪的情景相称、作用时间随客观情景而转移的短暂的情绪过程。

健全的心情状态能提高脑力劳动和体力劳动的效率和持久力，而且促进内分泌保持适度的平衡，增强人体对疾病的抵抗力和适应环境的能力；不良的心情会使自己厌烦消沉，影响自身的健康，影响工作。

一般人一生中大约有三分之一的时间处于情绪不良的状态，比如，因为一点小事烦躁，就把火气带到单位，同事成了他的出气筒；由于受到一点小挫折，就长期郁郁寡欢，提不起工作的热情，这都是不善于自我调控情绪的表现。

不良心情是可以预防和控制的，心情控制是心理调适的重要内容之一。我们要自觉控制心情，不要长期被烦恼、悲伤等消极情绪左右，同时保持情绪的稳定和适度，快乐时不得意忘形、目空一切，愤怒时不鲁莽冲动、意气用事，恐惧时不畏首畏尾、张皇失措，悲哀时不垂头丧气、意志消沉。

如何控制你的情绪

情绪控制是对情绪的更紧密的把握，自觉地维护情绪平衡。特别是对消极情绪，要迅速有效地纠正过来。

最近，美国密歇根大学心理学家南迪·内森的一项研究发现，一般人的一生平均有十分之三的时间处于情绪不佳的状态，因此，人们常常需要与那些消极的情绪做斗争。

情绪变化往往会在我们的一些神经生理活动中表现出来。比如：当你听到自己失去了一次本该到手的晋升机会时，你的大脑神经就会立刻刺激身体产生大量起兴奋作用的“正肾上腺素”，其结果是使你怒气冲冲，坐卧不安，随时准备找人评评理，或者“讨个说法”。

当然，这并不意味着你应该压抑所有这些情绪反应。事实上，情绪有两种：消极的和积极的。我们的生活离不开情绪，它是我们对外面世界正常的心理反应，我们所必须的只是不能让我们成为情绪的奴隶，不能让那些消极的心境左右我们的生活。

消极情绪对我们的健康十分有害，科学家们已经发现，经常发怒和充满敌意的人很可能患有心脏病，哈佛大学曾调查了1600名心脏病患者，发现他们中经常焦虑、抑郁和脾气暴躁者比普通人高三倍。

因此，可以毫不夸张地说，学会控制你的情绪是你生活中一件生死攸关的大事。以下是专家提供的几条最新劝告：

寻找原因

当你闷闷不乐或者忧心忡忡时，你所要做的第一步是找出原因。29岁的弗兰西丝是一名广告公司职员，她一向心平气和，可有一阵子却像换了一个人似的，对同事和丈夫都没好脸色，后来她发现扰乱她心境的是担心自己会在一次最重要的公司人事安排中失去质问职位。“尽管我已被告知不会受到影响，”她说，“但我心里仍对此隐隐不安。”一旦弗兰西丝了解到自己真正害怕的是什么，她似乎就觉得轻松了许多。她说：“我将这些内心的焦虑用语言明确表达出来，便发现事情并没有那么糟糕。”

找出问题症结后，弗兰西丝便集中精力对付它。“我开始充实自己，工作上也更加卖力。”结果，弗兰西丝不仅消除了内心的焦虑，还由于工作出色而被委以更重要的职务。

尊重规律

加州大学心理学教授罗伯特·塞伊说：“我们许多人都仅仅是将自己的情绪变化归之于外部发生的事，却忽视了它们很可能也与你身体内在的‘生物节奏’有关。我们吃的食物，健康水平及精力状况，甚至一天中的不同时段都能影响我们的情绪。”

塞伊教授的一项研究发现，那些睡得很晚的人更可能情绪不佳。此外，我们的精力往往在一天之始处于高峰，而在午后则有所下降。“一件坏事并不一定在任何时候都能使你烦心，”塞伊说，“它往往是在你精力最差时影响你。”

塞伊教授还做过一个实验，他在一段时间里对125名实验者的情绪和体温变化进行了观察。他发现，当人们的体温在正常范围内处于上升期时，他们的心情要更愉快些，而此时他们的精力也最充沛。根据塞伊教授的结论，人的情绪变化是有周期的。塞伊本人就严格遵循着这一“生物节奏”的规律，他往往很早就开始，“我写作的最佳时间是早上”，而在下午，他一般都用来会客和处理杂事，“因为那时我的精力往往不够集中，更适合与人交谈”。

睡眠充足

最近一项调查表明，美国的成年人平均每晚的睡眠时间不足七小时。

匹兹堡大学医学中心的罗拉德·达尔教授的一项研究发现，睡眠不足对我们的情绪影响极大，他说：“对睡眠不足者而言，那些令人烦心的事更能左右他们的情绪。”

那么，一个成年人到底睡多长时间才足够呢？达尔教授做了一个实验，他在一个月的时间里，让 14 名被试者每晚在黑暗中待 14 个小时，第一晚，他们每人几乎睡了 11 个小时，仿佛是要补回以前没睡够的时间，此后，他们的睡觉时间满满地稳定在每晚 8 小时左右。

在此期间，达尔教授还让被试者一天两次记录他们的心情状态，所有的人都说在他们睡眠充足后心情最舒畅，看待事物的方式也更乐观。

亲近自然

许多专家认为与自然亲近有助于你心情愉快开朗，著名歌手弗·拉卡斯特说：“每当我心情沮丧、抑郁时，我便去从事园林劳作，在与那些花草林木的接触中，我的不快之感也烟消云散了。”

假如你并不可能总到户外去活动，那么，即使走到窗前眺望一下青草绿树也对你的心情大有裨益。密歇根大学心理学家斯蒂芬·开普勒做过一个有趣的实验，他分别让两组人员在不同的环境中工作，一组的办公室窗户靠近自然景物，另一组的办公室则位于一个喧闹的停车场，结果他发现，前者比后者对工作的热情更高，更少出现不良心境，其效率也高得多。

经常运动

另一个极有效地驱除不良心境的自助手段是健身运动。哪怕你只是散步十分钟，对克服你的坏心境都能收到立竿见影之效。研究人员发现，健身运动能使你的身体产生一系列的生理变化，其功效与那些能提神醒脑的药物类似。但比药物更胜一筹的是，健身运动对你是有百利而无一害。不过，要做到效果明显，你最好是从事有氧运动——跑步、体操、骑车、游泳和其他有一定强度的运动，运动之后再洗个热水澡则效果更佳。

合理饮食

大脑活动的所有能量都能来自于我们所吃的食物，因此情绪波动也常常与我们吃的东西有关。《食物与情绪》一书的作者索姆认为，对于那些每天早晨只喝一杯咖啡的人来说，心情不佳是一点也不足为怪的。

索姆建议,要确保你心情愉快,你应养成一些好的饮食习惯:定时就餐(早餐尤其不能省),限制咖啡和糖的摄入(它们都可能使你过于激动),每天至少喝六至八杯水(脱水易使人疲劳)。

据最新研究表明,碳水化合物更能使人心境平和、感觉舒畅。马萨诸塞州的营养生化学家詹狄斯·瓦特曼认为,碳水化合物能增加大脑血液中复合胺的确含量,而该物质被认为是一种人体自然产生的镇静剂。各种水果、稻米、杂粮都是富含碳水化合物的食物。

积极乐观

“一些人往往将自己的消极情绪和思想等同于现实本身。”心理学家米切尔·霍德斯说:“其实,我们周围的环境从本质上说是中性的,是我们给他们加上了或积极或消极的价值,问题的关键是你倾向选择哪一种?”

霍德斯做了一个极为有趣的实验,他将同一张卡通漫画显示给两组被试者看,其中一组的人员被要求用牙齿咬着一支钢笔,这个姿势就仿佛在微笑一样;另一组人员则必须将笔用嘴唇衔着,显然,这种姿势使他们难以露出笑容。结果,霍德斯教授发现前一组比后一组被试者认为漫画更可笑。这个实验表明我们心情的不同往往不是由事物本身引起的,而是取决于我们看待事物的不同方式。

心理学家兰迪·莱森讲了一个他自己的故事:“有一天,我的秘书告诉我‘你看起来好像不高兴’,他自然是从我那紧锁达标双眉和僵硬的面部表情看出来的。我也意识到确实如此,于是,我便对着镜子改变我的表情,嘿,不一会,那些消极的想法便没有了。”是啊,生命短暂,我们何苦又要自寻烦恼呢!

换个角度，你就是赢家

秘书把名片交给董事长，一如预期，董事长厌烦地把名片丢回去。很无奈地，秘书把名片退回给立在门外尴尬的业务员，业务员再把名片递给秘书：“没关系，我下次再来拜访，所以还是请董事长留下名片。”

拗不过业务员的坚持，秘书硬着头皮，再进办公室，董事长火大了，将名片一撕两半，丢回给秘书。秘书不知所措地愣在当场，董事长更气，从口袋拿出 10 块钱：“10 块钱买他一张名片，够了吧！”岂知当秘书递还给业务员名片与钱后，业务员很开心地高声说：“请你跟董事长说，10 块钱可以买两张我的名片，我还欠他一张。”随即再掏出一张名片交给秘书。突然，办公室里传来一阵大笑，董事长走了出来：“这样的业务员不跟他谈生意，我还找谁谈？”

这是业务员每天都会碰到的场面，如果光是靠修养或到魔鬼营训练，还是会有泄气之时，超级业务员也有倒地不起的一天。

能自别人设下的困局逃脱者，都有一个本事，那就是——逆向思考。当你不顺着设局者的逻辑思考时，你才能出自己的招。笔者有一个在金融界工作的朋友，新进公司做基金研究员时，不知怎的，主管老是看他不顺眼，比如邀请大家下班后到他家吃火锅，总是不小心落了他。朋友给自己打气的方式是：“去吃港式高级火锅，比他还享受！”主管要给他难堪，哪知他更得意！而主管分配给他的基金，老是冷门商品，很难有业绩上的表现，他也不气。现在，朋友说：“还好他这样对我，否则我现在只能做研究分析。”主管的态度逼使他走出另一条路来，现在他在另一家公司的行销企划部如鱼得水。“很谢谢他的造就。”朋友说。

人的胸襟有多大，成就就有多大，争一时不如争千秋，更何况你怎么知道老天爷的布局不是要让你扛起更大的责任呢？忍一时之气，退一步海阔天空，反倒处处是出路，别把精神能量虚掷在不值得的人身上。

感谢“对手”

强劲的对手会让你时刻有种危机四伏的感觉，它会激发你更加旺盛的精神和斗志。

日本的北海道出产一种味道鲜美的鳗鱼，海边渔村的许多渔民都以捕捞鳗鱼为生。鳗鱼的生命非常脆弱，只要一离开深海区，要不了半天就会全部死亡。奇怪的是有一位老渔民天天出海捕捞鳗鱼，返回岸边后，他的鳗鱼总是活蹦乱跳的。而其他几家捕捞鳗鱼的渔户，无论怎样处置捕捞到的鳗鱼，回港后都全是死的。由于鲜活的鳗鱼价格要比死鳗鱼几乎贵出一倍以上，所以没几年工夫，老渔民一家便成了远近闻名的富翁。周围的渔民做着同样的营生，却一直只能维持简单的温饱。老渔民在临终之时，把秘密传授给了儿子。原来，老渔民使鳗鱼不死的秘诀，就是在整舱的鳗鱼中，放进几条叫狗鱼的杂鱼。鳗鱼与狗鱼非但不是同类，还是出名的“对头”。几条势单力薄的狗鱼遇到成舱的对手，便惊慌地在鳗鱼堆里四处乱窜，这样一来，反倒把满满一船舱死气沉沉的鳗鱼全给激活了。

加州的《动物保护》杂志也介绍过一则类似的故事：在秘鲁的国家级森林公园生活着一只年轻的美洲虎。美洲虎是一种濒临灭绝的珍稀动物，全世界现在仅存 17 只。为了很好地保护这只珍稀老虎，秘鲁人在公园中专门辟出了一块近 20 平方公里的森林作为虎园，还精心设计和建盖了豪华的虎房，好让它自由自在地生活。虎园里森林茂密、百草芳菲、沟壑纵横、流水潺潺，并有成群人工饲养的牛、羊、鹿、兔供美洲虎尽情享用。凡是到过虎园参观的游人都说，如此美妙的环境，真是美洲虎生活的天堂。然而，让人感到奇怪的是，从没有人看见美洲虎去捕捉过那些专门为它预备的“活食”。也从没有人看见它王者之气十足地纵横于雄山大川，啸傲于莽莽丛林。甚至未见它像模像样地吼上几嗓子。人们经常看到的是它整天待在装有空调的虎房里，或打着盹儿，或耷拉着脑袋，睡了吃，吃了睡，一副无精打采的样子。有人说它大约是太孤独了，若有个伴儿，兴许会好一些。于是，政府又通过外交途径，从哥伦比亚租来一只母美洲虎与它做伴，但结果还是老样子。

一位动物行为学家到森林公园来参观，一见美洲虎那副懒洋洋的样儿，便对管理员说，美洲虎是森林之王，在它所生活的环境中，不能只放上一群整天只知道吃草，不知道猎杀的动物。这么大的一片虎园，即使不放进去几只狼，至少也应放上两只豺狗，否则，美洲虎无论如何也提不走精神。

管理员们听从了动物行为学家的意见，不久便从别的动物园引进了几只美洲豹投进了虎园。这一招果然奏效，自从美洲豹进了虎园的那天，这只美洲虎就再也躺不住了。它每天不是站在高高的山顶愤怒地咆哮，就是有如飓风般俯冲下山岗，或者在丛林的边缘地带警觉地巡视和游荡。老虎那刚烈威猛、霸气十足的本性被重新唤醒，它又成了一只真正的美洲虎，成了这片广阔的虎园里真正意义上的森林之王。

一种动物如果没有对手，就会变得死气沉沉。同样的，一个人如果没有对手，那他就会甘于平庸，养成惰性，最终导致庸碌无为。一个群体如果没有对手，就会因为相互的依赖和潜移默化而丧失活力，丧失生机。一个政体如果没有了对手，就会逐步走向懈怠，甚至走向腐败和堕落。一个行业如果没有了对手，就会丧失进取的意志，就会因为安于现状而逐步走向衰亡。鳗鱼因为有了狗鱼这样的对手，才长久地保持着生命的鲜活。美洲虎因有了豹这样的对手，才重新找回了逝去的光荣。有了对手，才会有危机感，才会有竞争力。有了对手，你便不得不奋发图强，不得不革故鼎新，不得不锐意进取。否则，就只有等着被吞并，被替代，被淘汰。

许多人都把对手视为心腹大患，视为异已，视为眼中钉和肉中刺，恨不得立除之而后快。其实只要反过来仔细一想，便会发现拥有一个强劲的对手，反倒是一种福分、一种造化。因为，一个强劲的对手会让你时刻有种危机四伏的感觉，它会激发你更加旺盛的精神和斗志。

感谢你的对手吧，千万别把他当成“敌人”，而应该把他当作是你的一剂强心针、一副推进器、一个加速挡、一条警策鞭。

感谢你的对手吧，因为他的存在，你才会永远是一条鲜活的“鳗鱼”，永远是一只威风凛凛的“美洲虎”。

改善情绪妙方

别急！慢慢来＋正面思考

当我们面临千钧一发的紧急状况时，往往心中只想着赶快完成它，而遗忘了我们自己的样貌，可能是慌张、紧绷的，有时还会对别人怒目相向，甚至说出伤害性的话语，造成人际关系的不良影响。而事后再回想的时候，就算感到后悔，双方的裂痕却已不易挽回，所以，下次面临同样的状况时，你可以试着告诉自己“别急，慢慢来！”“就算结果不尽令我满意，至少我已经学到了不同的……经验”诸如此类的积极想法，它会很神奇地舒缓紧绷情绪，让你做出正确的判断和反应。

同理可证——遇到失败或挫折的时候，正面思考的力量对自己情绪的安稳也很有帮助。

倾听＋承认自己的错误

想做个高 EQ 的人，学习倾听别人的话语可是第一要务。认真倾听别人的观点和意见，让别人觉得受到尊重，而且，当发现自己错误的时候，勇敢地面对它，绝对是 EQ 指数向上跳跃一大步的指标。

沟通，再沟通

凡事有起有落，当发生与别人的意见相左的时候，试着不厌其烦地沟通，充分表达出自己的想法（但不是用攻击性的语言喔），如果状况还是“卡住”，那么就坦诚地面对与接受当下的困境，相信会有雨过天晴的时候，而你也一定会有所学习和成长。

观察＋凡事多思考

在面对不同人、事、物的当下，记得给自己预留一些空间，不要太快做决定（除非是一定要这样做，或者你确定酱子做比较有利……），所以，你可以告诉自己或对方："谢谢你的提议，我会仔细思考……""这个提议很好，值得考虑，请给我一些时间思考。"让对方感受到你重视他的意见，同时也知道你真的需要时间；所以，凡事多观察，你会有不一样的发现；凡事多思考，你更不致于做出让自己后悔的决定。

慎选好朋友

人生中有许多事由不得人，也许你很难量身定做一个默契十足的好上司，但是对于该和什么样的朋友往来，你有绝对的主导权，睁大眼睛，选择真正对你知无不言、可以患难与共的朋友吧！在你情绪即将失控的时候，他们会是你很好的刹车与润滑剂，同时更是你学习 EQ 的好帮手。

表达明快而果断

试着用最精炼简洁的词句表达你的意见想法，别拉拉杂杂闲扯淡，那不仅会混淆了自己想说的事情，让接收的一方一头雾水，也会惹得自己心烦意乱。你可以事先拟好草稿，或是用条列式的方式陈述，还有，自己先私下多演练几次也很重要。

理性 + 就事论事

我们常犯的毛病是容易人事不分，一面对他人的批评就直觉以为别人和自己过不去，结果往往导致自己的反应过度，或是觉得心理受到伤害……而一个 EQ 高手是不会让他人有这种感觉的。你可以学习以较理性、就事论事的态度来处理事情，从自己的角度和立场来告知对方你对事件的看法，如"对于 ×× 事，我的感受是……"而非"你怎么这么做，事情都被你搞砸了"。

如果被拒时，不要恼羞成怒

当你的提议被否决时，记得人际关系第一要务——"倾听"，先耐住性子听听对方的解释，也许对方有不同的考虑，可以进一步讨论，千万别马上板起脸回敬一句："那没什么好说的了。"要提醒你的是："怎么收获则怎么栽。”当你表现得像只刺猬时，别人也不会对你太和善。

不要妄自菲薄＋自信

对自己有自信，也是提升 EQ 指数的法宝。譬如当一个你甚有好感的异性婉拒您的邀约时，别一口咬定一定是因为“你”的原因（如太胖、不漂亮……）让他却步，也许他真的有事，或是有其他不方便的原因。所以，试着别太小题大作吧。

判断事物的轻重缓急

生活中要处理的事实在多如牛毛，有些无关紧要的小事，不妨看开些或先将它摆在次要处理的位置；而要将心力放在急迫而深具影响力的任务上，因为通常琐事最是折煞人的，相信大家一定都有类似的经验……事情一开始堆积，心情自然不会太好，此时如果能稍作分类，判断适宜的处理时效后再着手进行，对于情绪上的稳定可是有惊人的效果呢！！

专心＋万全准备

在执行一项活动或任务之前，一定要有充分的准备，而在开始倒数计时的关键时分，将全副心神放在活动重点上，如果觉得紧张，试着想象活动就十分圆满地结束，它会让你稍微镇定，且较能专注在流程细节上，成功完成任务的概率也会相对提高。

直接表达需求

“你不说我怎么知道……”相信这句话应该不陌生吧……没有人能完全了解别人的心思而做出符合他期待的事情，包括你跟我都一样。所以如果你期待人们都具备有读心术，可以准确无误地得知你的需求，那么这样的期待恐怕会为你带来挫折与失望。不妨试着主动直接表达自己的需求，让别人知道可以怎么做，保证你们之间的沟通障碍就已成功地跨越了一大步。

情绪——避免无止尽的抱怨

如果你内心有所埋怨，找个好朋友吐吐苦水，然后把它抛在脑后吧。因为高EQ的人并不会把怨怼藏在心里，更不会总是带着抱怨！抱怨就像是衣服，但它是负面的东西，所以不但不能给你温暖，还会让你越穿越冷，情绪却越加火暴，而且，把越来越多抱怨的衣服往身上加，最终别人看到的你就是一个爱抱怨的人。试想想看：抱怨是不是往往引起更多抱怨呢？这里并不是说抱怨不好，但如果你不希望成为一个爱抱怨的人，那么下次一旦不小心穿起了抱怨的衣服，记得赶快把它脱掉。

第三章
情绪影响我们的健康

我命在我不在天

在中世纪，享有“医学之王”美誉的著名伊朗医学家西拿曾做过一个实验。他把两只公羊分别系在两个不同的地方，给以同样的食物。一个地方是平静、安稳没有危险的草坪；另一只公羊待的地方是旁边关着狼群的动物馆。第二只公羊由于经常看到狼在它身边窥视而整天提心吊胆，精神一直处于高度紧张状态，不久就死了。而前一只公羊却一直生活得很好。西拿做的这个实验表明了情绪对动物有很大的影响。

对于人，情绪对健康也有很大的影响。

我国史书上曾记载：春秋时吴国大夫伍子胥过昭关陷入进退两难之境时，因极度焦虑而一夜间须发全白。相传三国时期的周瑜机智过人，并且才艺超群。但是他气量比较小而妒忌心很强。诸葛亮就利用他这个弱点，施计得逞，气得周瑜狂呼“既生瑜，何生亮”。还有一次诸葛亮带兵打仗时，他利用对方首领脾气暴躁的弱点，在阵前痛骂对方首领王朗，结果王朗羞怒交加，大吼一声，堕马而死。这些例子都证明，过度的焦虑、愤怒对身体健康是十分不利的。

现代医学研究表明，癌症、高血压、冠心病、溃疡病、神经官能症、甲状腺机能亢进，以及常见的偏头痛、哮喘、糖尿病等都与情绪状态有关。

此外，极度的紧张和激励，对人体也是有害的，甚至可以危及生命。据悉，1981 年世界女子排球赛期间，仅据北京友谊医院统计，急诊室接收的心血管病人比平常增加了好几倍。特别是 10 月 16 日中国队战胜日本队以后，竟有 9 名心脏病患者病情恶化，其中两人因抢救无效死亡。另据报道，1982 年西班牙世界杯足球赛期间，智利的一名叫路易斯的球迷在观看智利对奥地利的球赛时因过分激动而心肌梗塞身亡。据统计，在伦敦平均每十场国际球赛中，就有 4—6 人因过分激动而猝死。因此，对心血管病人来讲，遇到极度紧张和过分激动的场面，应珍惜自重，避免情绪波动和兴奋。

在一所专治肿瘤的医院里，住着两个病人。甲的肿瘤比较轻微，经过一段时间的治疗，已经基本痊愈；乙的肿瘤很严重，已到晚期，医院已经没有什么办法了，无奈让她回家休养。

这两个病人同一天出院。由于医院工作人员的马虎，在抄写出院通知时把两份病情给抄串了。病已基本痊愈的甲接到的是病重尚未全愈，要加强营养，注意休息的通知。一接到通知甲便紧张起来，忧虑重重，认为医生从前对他隐瞒了病情，病是无法治好了。结果出院后病情一天天加重，并有恶化的趋势，没过多久又住进医院，医生感到奇怪。而那位病情严重的乙看到出院通知上写着病情基本痊愈，心情顿时倍感轻松，回到依山傍水的农村，这里环境幽雅，空气清新，经常食用新鲜蔬菜、水果，经常到野外散步，注意休息。再加上心情舒畅，精神愉快，被认为治不好的恶性肿瘤竟然不治而愈。到原来那所医院复查时，医生们认为这是奇迹。

还有一位抗癌明星，当他得知自己已是肝癌晚期，最多只能活 3—5 个月时，便坐火车跑到自己服役时的老连长承包的菜园，隐瞒了自己的病情，与老连长一起种菜、聊天，天天吃一盘白糖拌西红柿。他把病情完全抛到九天云外，只想在生命的最后一段时间活得自由自在。没想到半年过去了还活得好好的，再过了两年自己感觉和好人一样。到原来的医院一检查，身上的癌细胞一点儿也找不到了。

这并不奇怪，完全是人的不同情绪使然。

人的情绪对健康影响极大。愉快喜悦的心情，会给人以正面的刺激，有益于健康；而苦恼消极的情绪会给人以负面影响，诱发各种疾病，使已有的病加重或恶化。

现代医学认为，良好的情绪可使机体生理机能处于最佳状态，使免疫抗病系统发挥最大效率，能抗拒心理和生理性疾病的袭击保持良好的健康状态，从而起到抗病健身的作用。

医学家认为，躯体本身就是疾病的良医，85% 的疾病可以自我控制，只要神经松弛、精神愉快，余下的 15% 也不全靠医生，病人自己是不可忽视的因素。

因此，有的心理学家把情绪称为“生命的指挥棒”“健康的寒暑表”。

法国的乔治桑说：“心情愉快是肉体和精神上的最佳卫生法。”

情绪是可以由自己支配的。有这么一首诗：

“你要是心情愉快，健康就会常在；你要是心境开朗，眼前就是一片明亮；你要是经常知足，就会感到幸福；你要是不计较名利，就会感到一切如意。”

可见人完全可以做自己情绪的主人。如果我们拥有一个好的心情，提高适应环境的能力，保持乐观向上的精神状态，使自己进入豁达淡薄的境界，掌握生命的主动权，那就意味着健康长寿。所以，人的健康长寿的命运是掌握在自己手里的。

老子认为“我命在我不在天”，他活了 101 岁。印度名医特里古纳指出：“你的生命由你自己决定。你的大脑就是控制你生命的枢纽，是健康的生活还是得病，全由你自己选择。”

毫无疑问，生命在于心情，健康得靠自己。选择了愉快，就选择了健康，生命就能放出异彩，就能够长寿。

那么你选择什么呢？

情绪伤身之七种暗器

人在认识周围事物或与他人接触的过程中，对任何人、事、物，都不是无动于衷、冷酷无情的，而总是表现出某种相应的情感，如高兴或悲伤、喜爱或厌恶、愉快或忧愁、振奋或恐惧等。《黄帝内经》里说：“有喜有怒，有忧有丧，有泽有燥，此象之常也。”意思是说，一个人有时高兴、喜笑，有时发怒、有时忧愁、有时悲伤，好像自然界气候的变化有时候下雨、有时候干燥一样，是一种正常的现象。中医习惯把这种精神因素分为“七情”，即喜、怒、忧、思、悲、恐、惊。

七情不可为过，过激就会损伤脏器，有害于身体。“怒则气上，喜则气缓，悲则气消，恐则气下，惊则气乱，思则气结。”又如“怒伤肝、喜伤心、思伤脾、忧伤肺、恐伤肾”等。

此时，我们成其为“情绪伤身之七种暗器”。

暗器之一——“喜”：“喜”本是心情愉快的表现。俗话说“人逢喜事精神爽”，有高兴的事可使人精神焕发。但是高兴过度就会伤“心”，中医认为“心主神明”，心是情志思维活动的中枢，超乎常态的“喜”，会促使心神不安，甚至语无伦次，举止失常。如《儒林外史》中的“范进中举”故事，就是讲他数十年寒窗不得志，一旦中举，高兴得举止发狂，疯癫而目不识人。这就是中医所谓“喜乐无极则伤魄，魄伤则狂，狂者意不存”的原因。另外，过度喜悦能引起心跳加快，头目眩晕而不能自控，某些冠心病人亦可因过度兴奋而诱发心绞痛或心肌梗死。因此，喜乐当适度。喜则意和气畅，营卫舒调，但过度会走向反面。

暗器之二——“怒”：“怒”指人一旦遇到不合理的事情，或因事未遂，而出现的气愤不平、怒气勃发的现象。中医讲，肝气宜条达舒畅，肝柔则血和，肝郁则气逆。当人犯怒时，破坏了正常舒畅的心理环境，肝失条达，肝气就会横逆。故当生气后，人们常感到胁痛或两肋下发闷而不舒服；或不想吃饭、腹痛；甚至出现吐血等危症。中医术语称其为“肝气横逆，克犯脾土”。现代医学也认为：“人处在极度精神紧张的情况下，可引起胃肠功能紊乱或形成消化性溃疡；亦有因血压升高而诱发冠心病导致猝死的。”三国时代的周瑜因生气吐血而亡，这样的例子在日常生活中也会偶然发生。因此，从健康的角度出发，最好的办法是尽量戒怒，因为这对人对己有益。

暗器之三——“忧”：“忧”指忧愁而沉郁。表现为忧心忡忡，愁眉苦脸而整日长吁短叹，垂头丧气。《灵枢·本神》说：“愁忧者，气闭塞而不行。”若过度忧愁，则不仅损伤肺气，也要波及脾气而影响食欲。谚语说：“愁一愁，少白头。”传说伍子胥过文昭关，一夜之间须发全白，就是因为心中有事，过分忧愁所致的。

暗器之四——“思”：“思”就是集中精力考虑问题。思虑完全是依靠人的主观意志来加以支配的。如果思虑过度，精神受到一定影响，思维也就更加紊乱了。诸如失眠多梦、神经衰弱等病，大多与过分思虑有关。中医认为：过思则伤脾，脾伤则吃饭不香，睡眠不佳，日久则气结不畅，百病随之而起。因此，对待社会上或生活中的某些事情，倘若“百思不得其解”的话，最好就不要去“解”它，因为越“解”越不顺，心中不顺则有可能导致“气结”。

暗器之五——“悲”：“悲”是由于哀伤、痛苦而产生的一种情态。表现为面色惨淡，神气不足，偶有所触及，即泪涌欲哭或悲痛欲绝。中医认为悲是忧的进一步发展，两者损害的均是肺脏（指肺气），故有“过悲则伤肺，肺伤则气消”之说。这说明悲哀太过是会伤及内脏的。因此，家庭中一旦发生不幸的事情，一定要节哀，以保重身体为要。

暗器之六——“恐”：“恐”是惧怕的意思，是指恐惧不安，心中害怕，精神过分紧张。例如临深渊、履薄冰、人将捕之等。严重者亦可导致神昏、二便失禁。中医认为，恐惧过度则消耗肾气，使精气下陷不能上升，升降失调而出现大小便失禁、遗精、滑泄等症，严重的会发生精神错乱，癫病或疼厥。恐与惊密切相关，略有不同，多先有惊而继则生恐，故常惊恐并提。然惊多自外来，恐常由内生。

暗器之七——“惊”：“惊”是指突然遇到意外、非常事变，心理上骤然紧张。如耳闻巨响、目睹怪物、夜做噩梦等都会受惊。受惊后可表现为颜面失色、神飞魂荡、目瞪口呆、冷汗渗出，肢体运动失灵，或手中持物失落，重则惊叫，神昏僵仆，二便失禁，常谓如：“惊弓之鸟”。几乎谁都有这样的体验，惊慌时会感到心脏怦怦乱跳，这是由于情绪引起交感神经系统处于兴奋状态的缘故。血压升高，也是最常见的表现，有人特制了一张靠背椅，一按电钮，椅背便立刻向后倾。让受试者紧靠椅背而坐，并测量血压；随后突然按动电钮，椅背立刻倒下，这人突然受惊，血压便骤然上升。科学试验表明，由惊恐所致血压升高，大多表现为收缩压升高，其机理是心脏搏出的血量增加。

想要免受七种暗器的伤害，人的情志活动就要保持相对的平静，平时就要重视思想修养及精神调整，客观对待周围事情的变化，使自已的精神面貌经常处在乐观、愉快、安静、平和之中，这对于养生有益。如此，暗器能奈我何？

善有善报

当我们拿到一张团体照，一般人最有兴趣也先想看的就是：“我”在哪里？虽然我不一定长得最好看，但认为自己是最重要，则是正常人的通性。

所以要一般人爱自己比较容易，要去爱别人比较难。

然而如今的医学已证明，当我们嫉妒、愤怒、不满、诅咒、怨恨、忧郁时，我们体内就会分泌一些对身体有害的分泌物。也就是说，一个心理的反应或思想，就会产生一个肉体的具体表现。

比如说，当我们还未准备好，就被迫在大庭广众下表演时，一般人会因此感到害羞。害羞其实是一种心理的想法，但它却会产生一种身体的反应——脸马上红起来。有时一发怒或悲伤，就吃不下饭，一高兴或心情愉快，反而胃口大开，说不定多吃一碗。一些精神病患者，常会被要求吃一些“氯化铝”之类的药物，以稳定病情。他们就是因为常期处于愤恨、抱怨、恐惧之中，所以体内就分泌不出那些对身体有稳定性作用的“养分”。久而久之，就会造成病态。

相同地，当我们在宽恕、赞美、感谢或对别人做任何好事时，我们的体内自然就会分泌出对自己身体有益的养分来。

如此我们就该明白，为什么观世音菩萨总是苦口婆心地一再教导我们要去对别人好，因为在我们想着别人时，那个“善念”就会促使我们的体内自然产生一些对我们有益的养分来。所以宽恕、赞美、感恩虽然全都是针对别人给予，首先收益的却是我们自己。

如此看来，想爱自己的人，最好的方法就是先去爱别人。

难道，你还不相信善有善报吗？

愤怒对健康的危害

三国时期的周瑜机智过人，并且才艺超群。但是他气量比较小而妒忌心很强。诸葛亮就利用他这个弱点，施计得逞，气得周瑜狂呼“既生瑜，何生亮”。还有一次诸葛亮带兵打仗时，他利用对方首领脾气暴躁的弱点，在阵前痛骂对方首领王朗，结果王朗羞怒交加，大吼一声，堕马而死。

唐太宗李世民呢，是怎么死的？也是被女儿活活气死的。649 年 6 月的一天，老臣尉迟恭和程诰命夫人（程咬金之妻）一起来勤政殿面君，揭穿了高阳公主骗取诏书强休驸马之嫂（公主的妯娌），辱骂公爹，逼死宰相房玄龄的真相。李世民方知自己是受了女儿欺骗，害死了曾参与玄武门之变帮自己登上皇位的老臣，深感痛悔不已。遂宣高阳公主问罪，却遭公主顶撞。一气之下，感到胸痛难忍、憋闷窒息。发病不到一个时辰，来不及抢救即一命归西。

日常生活中，当人的愿望不能实现、行动受到限制时，就会产生愤怒的情绪。如工作的失败、受骗上当、权力被架空、失恋、疾病缠身、秘密被泄漏、劳累过度等都会在一定的心理条件下产生愤怒。

正如《内经》所说：“喜怒不节，则伤脏，脏伤则病起。”无论什么原因产生的愤怒，都会影响人的身体健康。当人愤怒时，交感神经的兴奋性增强，从而促使心率加快、血压升高。所以经常发怒的人易患高血压、冠心病，而且易使病情加重，像周瑜、唐太宗那样的程度就会危及到生命了。

人由于愤怒，食欲降低，或食而不化。经常如此，可使消化系统的生理功能发生紊乱。

怒还可影响人体的腺体分泌。

正在哺乳的母亲，由于发怒可使乳汁分泌减少或使其成分发生改变，这对婴儿是十分不利的。

人在受了委屈、侮辱而发怒时，泪腺分泌增强，泣不成声。

学者做过调查，发现儿童在愤怒时滴泪的占35%，在日常生活中妇女的这种情况更多见。

随着愤怒的程度和时间增加，唾液可由增加而变得枯竭。比如有的人在争吵开始时唾沫星子飞溅，逐渐就变得口干舌燥，吵嚷声随之也慢慢消失了。此时人的唾液成分多会发生改变，即使是吃平时最喜欢吃的东西也会觉得味道不美。

换个角度看，怒在一定条件下可激发起人的责任感，提高创造性能力。因愤怒可使人发愤图强。历史上由于愤怒而有所创造的人是很多的。司马迁说："文王拘而演《周易》；仲尼厄而作《春秋》；屈原放逐乃赋《离骚》……，大抵圣贤发愤之所为作也。"

快乐就健康

是先有健康才会快乐呢？还是先有快乐才会健康？如何以最少的努力与最多的快乐促进健康？

大自然提醒我们活动的、放松的、休闲的生活方式，以及亲近美食、温暖、爱与性，追求快乐的生活方式，我们的祖先就是这样存活演化下来的。

工业革命以前人们大多在住所附近工作，虽然工艺与农活辛苦，但是紧张的工作后总有一段自由、休闲的时间，交互轮流，可以依照自己的步调生活，中午可在林荫下睡午觉，还有时间跟孩子玩耍，享受晨曦，欣赏夕阳，可以聆听鸟鸣，也可以在稻草堆中打滚。

但今日经济时代，人们一大早起来挤公车到公司上班，中午虽疲累想睡但仍勉力继续工作，直到晚上再挤车回家。我们的祖先可能在物质上并不丰裕，但他们享受到时间上的自由和简单的快乐；过去，休闲是生活的主要部分，现在却成了奢侈品。

别忘了享受生命

很多人忘了该如何享受生命，或认为根本就不应该玩得开心，不让自己完全放松来体验快乐的感觉，找借口说没有时间去享受休闲活动，有做不完的工作，做不完的家务。

许多人常常看不见就在眼前的东西，人们会计算跑一场马拉松的好处，却忽略了观鱼赏花或跳舞，忽略了生活态度及与亲友的关系，可能比医疗上的养生之道还重要。

现在很多人做事本末倒置，明明是因为活着快乐，才会希望长寿多享受生命的乐趣，但常有人为了长寿，禁止自己去享受许多可以带给他快乐的东西，连自己的生日蛋糕都不敢吃。

所以我们认为，有乐趣的运动，不一定非要长跑到酸痛、疼痛才能带来健康，温和的运动可使你精神焕发，比较快乐有自信，得到自我控制的感觉。每天找出会让你更有体力的活动，融入你的生活，就不必另外花时间运动，例如把车停得稍远一些，走路过去；爬楼梯不要搭电梯；走路穿过公园，热诚地跟人打招呼并且抬起你的手臂。有氧说话可以燃烧你的卡路里……

这里并非要鼓励你大吃大喝，不要运动，而是以生活方式达到健康为目的，偶尔大吃一顿没关系，只要不是每天大鱼大肉就无妨。

很多科学证据指出，我们天生就是喜欢快乐，在大脑的深处有一个地方直接对快乐的感觉起反应。所以单身、分居、离婚或鳏寡的人比结婚的人早逝的概率高 2 ~ 3 倍，他们住进精神病院的比例也比结婚者高 5 ~ 10 倍。心脏病、癌症、肺病、关节炎，以及怀孕时的并发症，常发生在社会关系不好、没有寄托的人身上。

快乐会增进你的免疫系统功能，使你比较少生病。看一场周星驰的电影会增强抵抗力。离婚对心脏病的影响，跟一天抽一包以上香烟一样大。

追求健康，关键在心智，做自己的主人，主宰自己的大脑，发掘自己的情感，发挥自己的心智，自然而然地活得健康。

林肯说：“只有在心灵允许下，你才会快乐。”

不要自寻烦恼

非常不幸，人类总是会自寻烦恼，本来应该对好事心存感谢才觉得快乐，但是人类却用一把有弹性的尺去衡量它，总是会觉得不快乐，因为人类的大脑不停地想把不稳定的世界变得稳定，所以大脑的判断并非真正的快乐，快不快乐却绝于我们衡量事物的那把有弹性的尺子。

老板年终给你 100 元，完全没有料到会发奖金的你，会觉得非常开心。但假设他告诉你要发 1000 元，后来改给 100 元，虽然你一样得了 100 元，然而你会将 100 元与你“失去的”1000 元相比，觉得很不快乐。

品味简单的快乐

心智是个奇怪的东西，会记得不寻常的事，却忽略了普通的事。

总是注意飞机失事，却不注意每天全世界有四千多次飞机安全起降；只记得生命中的大事，而这些大事通常是极端正面或负面的。所以当我们回顾一生，会误认为快乐是建筑在那些重大的事件上，殊不知，很简单的乐趣，晴天去外面散步一小时、带狗儿去户外赛跑、劈柴或做手工艺，这些加起来的快乐远胜短暂的强烈感觉。

不要忽略了每天发生在我们生活中的小事情。

为快乐留个位子

正如我们看到的，不要把你的一生押在大事上，比如足彩中了500万、升总经理或赚了双倍的钱。其实每天都有许多快乐的小事让你高兴，你得有时间注意鸟语花香、美味的食物、醇厚的友谊和有意义的工作。去想手中的快乐是很重要的，因为它可以作为缓冲，保护你不受悲伤的冲击，更会直接影响你的健康。

不要一直沉溺在你的缺点中，记住快乐在于缩短你的期许和你的自我评价之间的距离。你可以改变你的期许，或者更简单一点，欣赏自己的长处。

生活中一定会有些决定、经历是很痛苦的，如亲人意外死亡、下岗失业、战争疾病等等；然而如果我们的日常生活中有足够的简单快乐，你就比较可以处理令人恐惧的事情。

请在心中为愉快的事情保留一个最显眼的位置吧。

请常想想上天对你的福泽。

第四章
情绪影响我们的生活

脱鞋的启示

每当我们欲走入豪华饭店或干净建筑物时，我们这些所谓的有教养的人，总不会忘记把鞋上的脏东西跺掉，以免弄脏了室内。现在很多住家，当人们要进入之前，也一定要把鞋子脱下留在屋外，以免弄脏了地毯与室内环境。

当我们上班要进入公司，想把鞋上脏东西跺掉的同时，以及下班回家在脱鞋子的时候，其实我们都常常忽略了，那些最容易污染别人思想和情绪的负面批评与指责。实际上这些不好的东西，对同事、朋友，或家人的污染影响，比鞋子上的脏东西可怕上千万倍！

“不是从人外面进入他内的能污秽人，而是从人里面出来的，才污秽人。”

有这样一个漫画，描述了一家人的生活片段：男主人公在单位受了上司的训斥，情绪懊恼之极，一回家便冲着妻子发起火来；接下来，委屈无奈的妻子操起家什痛打了孩子一顿；再接下来，眼泪未干的孩子抬腿猛踢正在脚边酣睡的小狗；小狗在迷糊中突然间受了这刺激，狂奔出去与众狗打起了群架……有知识、工作较好的高级白领在自己难以获得平衡的亚健康状态下，回到家里发脾气、骂老婆、打儿子，这样的场景，可能是你我再熟悉不过的吧。

如此平凡的生活，画成了漫画，便颇有些讽刺意味了。看过了笑过了，发人深思。

反观我们人类自己，就像漫画中所画的，反倒是普遍的“恶人专咬自家人”了。缘何把家作为发泄的场所、家人作为发泄的对象呢？

有人说，家是一个不讲理的地方。很多我们在公司或外面不会或不敢做的事情和态度以及话语，在家中却习以为常，我们不是为了工作或生意而忍声吞气吗？这恶人之“恶”，也实在是迫不得已。不能咬外人，上司、同事、客户，都不能咬，又不能不咬，只能是在家解决了。然而我们在对自己的小孩或另一半时，又是一副什么样的嘴脸呢？天晓得！家庭的和谐与幸福，难道真的比不上工作的重要吗？

之所以专拣了自家人来咬，无非是滥用了家人对自己的一个“情”字，以为有了“情”，便有了“谅”，有了“谅”，便可以在咬了之后，照旧吃饱了拍拍肚皮过日子。

可是咬人者不知道给家里人带来了怎样的不愉快。亲密的家人不像发泄场中的发泄模特对象，没有感觉没有知觉，任你肆意妄为，他都毫无怨言。可你的家人呢？即使给你的“亲情”再多，也禁不起你的反反复复。总是会心痛的。

遗憾的是，我们每一个凡人常常一不留神地便成了这样的恶人。自己“悲伤”还要让家人也要“悲伤”着你的“悲伤”。

圣经里有这样一句话：“不可到这里来，将你的鞋脱下，因为你所站的地方是圣地。”

我们把家当成“圣地”来经营吧，把一些不好的东西和负面的思想，以及恶意的批评全留在屋外，多说些正面鼓励和赞美的话语，很快，这个家就会成为“天堂”，变成永远的心灵港湾！

身在福中不知福

有一个人，整天抱怨自己没有鞋子穿，结果一出门，却遇见了一个没有脚可穿鞋的人。幸福与否？关键不在我们的遭遇，而在于我们对自己的遭遇采取怎样的态度。假使我们在生活中还未得到自己喜欢的，也许我们能喜欢已有的东西。

一九九八年八月初，在福州开往南昌的火车上，从台湾过来大陆出差的Andy找到他的座位时，确实有些失望，心中也真有些抱怨，开始怪他的朋友，为何买这趟列车？要知道这列火车，得走十五个小时才能抵达南昌市。为什么不买冷气设备的车次啊？

当朋友告诉他，他们坐的是这列火车中设备最好的软卧铺时，Andy无话可说！当他下车看见别的车厢，坐的全是硬板凳，不要说无法躺下去睡，连电扇也没有。立即对他们必须在这种环境下度过这漫长的旅程，产生了怜悯与同情。才警觉到，自己真的是身在福中不知福。

一出火车站，马上感觉到城市的闷热。不愧有四大火炉之一的称号。

当Andy在路边找出租车时，却发现大部分的车子都摇下窗，感觉很纳闷。进入车内，立刻想请司机开冷气，这才发现车上根本没有冷气设备，Andy又一次无话可说！（心想自己顶多只坐三十分钟就下车了）

不久司机就开始向Andy抱怨，为了生活他必须在车内待上十几个小时。这时刚好遇上红灯，他们的车，正好停在一辆载客人力三轮车旁边，当他俩的目光正往那位汗流浃背、全身湿透的车夫看时，车夫也正好微笑地望向他们。奇怪的是，当绿灯亮起来，车子重新开动后，Andy就再也没有听到这位司机先生的任何怨言，反而是跟 andy 有说有笑，心情好像很愉快的样子。

Andy 心里想："这位仁兄，是否也体会到'身在福中不知福'的道理！"

停止对生活不满的抱怨情绪吧，珍惜现在拥有的。才能更快乐的生活！

不要预支明天的烦恼

有个小和尚，每天早上负责清扫寺庙院子里的落叶。在冷飕飕的清晨起床扫落叶实在是一件苦差事，尤其在秋冬之际，每一次起风时，树叶总随风飞舞落下。

每天早上都需要花费许多时间才能清扫完树叶，这让小和尚头痛不已。他一直想要找个好办法让自己轻松些。

后来有个和尚跟他说：“你在明天打扫之前先用力摇树，把落叶统统摇下来，后天就可以不用辛苦扫落叶了。”

小和尚觉得这真是个好办法，于是隔天他起了个大早，使劲地猛摇树，这样他就可以把今天跟明天的落叶一次扫干净了。一整天小和尚都非常开心。

第二天，小和尚到院子一看，他不禁傻眼了。院子里如往日一样是落叶满地。

老和尚走了过来，意味深长的对小和尚说：“傻孩子，无论你今天怎么用力，明天的落叶还是会飘下来啊！”

小和尚终于明白了，世上有很多事是无法提前的，唯有认真地活在当下，才是最真实的人生态度。

“怀着忧愁上床，就是背负着包袱睡觉。”

人生里有93%的烦恼都不是必须的，它们只存在于自我的想象中，往往不会出现。保持内心的平安和平静，才能够生活得幸福。许多人心里潜藏着一只名字叫作“烦恼”的小虫，常常放它出来吃掉自己难得的快乐、平静。

不用预支明天的烦恼，不用想早一步解决掉明天的烦恼。明天如果有烦恼，你今天是无法解决的，每一天都有每一天的人生功课要交，努力做好今天的功课再说吧！

我想通了，你想开了吗?

我们常说：“一个人要拿得起，放得下。”而在付诸行动时，“拿得起”容易，“放得下”可就难了。所谓“放得下”，是指心理状态，就是遇到“千斤重担压心头”时能把心理上的重压卸掉，使之轻松自如。

人生不如意十之八九，不能总把悲伤的事情放在心上，总要想得开，以理智克制感情，遇事要不计较，要想得通，想得开，这些都体现了“放得下”的心理素质。

在现实生活中，“放不下，想不通”的事情实在太多了。

比如子女升学啦，家长的心就首先放不下，又比如老公升上去或者发财啦，老婆也会忐忑不安放不下心，怕男人有钱变坏了；再如遇到挫折、失落或者因说错话、做错事受到上级和同事指责，以及好心被人误解受到委屈，于是心里总有个结解不开，放不下，等等。总之有些朋友就是这也放不下，那也放不下，想这想那，愁这愁那，心事不断，愁肠百结。

长此以往势必产生心理疲劳，乃至发展为心理障碍。英国科学家贝佛里奇指出：“疲劳过度的人是在追逐死亡。”我国唐代著名医药家、养生学家孙思邈，享年102岁。他在论述养生良方时说：“养生之道，常欲小劳，但莫大疲……莫忧思，莫大怒，莫悲愁，莫大惧……勿把忿恨耿耿于怀。”他指出这些心理负担都有损于健康和寿命。事实也是如此，有的人之所以感到生活得很累，无精打采，未老先衰，就因为习惯于将一些事情吊在心里放不下来，结果在心里刻上一条又一条“皱纹”，把“心”折腾得劳而又老。

辨证论治，对症下药，处于上述各种状况时，最简单可行的方法就是“放得下”。“文革”期间有位从部队调到地方工作的师级干部，他因不服“四人帮”

横行，而被打成“老右派”。当时批判他的大字报铺天盖地。但这位干部也真绝，在大热天居然披着棉大衣去看大字报。别人以为他“发寒热”，他却幽默地说：“这就叫心静自然凉。”有位著名演员在受审查的“牛棚”里，不但说笑如常，而且还自编了一套“牛棚健身法”，直到如今，他还在用此法锻炼身体，年过八旬照样到戏曲沙龙引吭高歌。“不管风吹浪打，胜似闲庭信步。”这是多么的放得下啊！这些都是特殊情况下特殊人物的特殊放得下。在通常情况下，“放得下”主要体现于以下几方面：

1. 财能否放得下

李白在《将进酒》诗中写道：“天生我材必有用，千金散尽还复来。”如能在这方面放得下，那可称是非常潇洒的“放”。

2. 情能否放得下

人世间最说不清道不明的就是一个情字。凡是陷入感情纠葛的人，往往会理智失控，剪不断，理还乱。若能在情方面放得下，可称是理智的“放”。

3. 名能否放得下

据专家分析，高智商、思维型的人，患心理障碍的概率相对较高。其主要原因在于他们一般都喜欢争强好胜，对名看得较重，有的甚至爱“名”如命，累得死去活来。倘然能对“名”放得下，就称得上是超脱的“放”。

4. 忧愁能否放得下

现实生活中令人忧愁的事实在太多了，就像宋朝女词人李清照所说的：“才下眉头，却上心头。”忧愁可说是妨害健康的“常见病，多发病”。狄更斯说：“苦苦地去做根本就办不到的事情，会带来混乱和苦恼。”泰戈尔说：“世界上的事情最好是一笑了之，不必用眼泪去冲洗。”如果能对忧愁放得下，那就可称是幸福的“放”，因为没有忧愁确是一种幸福。

“宠辱不惊，看庭前花开花落去留无意，望天上云卷云舒。”让我们一起来学会“放得下”，以此来增强我们的心理弹性，共享“放得下”的养生福分。

我想通了，你想开了吗？

内心平安，生活美好

放松下来，把你生活中事情重新排个顺序，把对自己情绪的关心和照顾放在首位。

1. 对生活中所有美好的东西充满感激之情

研究表明，当面对疾病或充满压力的环境时，用积极态度思考的人更能应付自如。走过每天的日子，对每个给过你帮助的和爱你的人——包括家人、朋友、孩子和老师、商店店员——都心存感谢。

2. 沉默是金

如果你不能很好地表达自己的想法，那么最好什么也别说。讽刺、挖苦和指责别人不仅对你毫无益处，而且也会破坏你内心的平静。

3. 自我调节

大多数妇女的头脑中都充斥着至少半打要做的事情，你的身心不堪重负时，悲伤、焦虑、恐惧，甚至犯罪感便会随之而来。调节，就是把你从嘈杂的思维中解放出来，帮助你消除那些忧虑。

4. 学会正确的呼吸

大多数人的呼吸都既少且浅。更深、更慢、更有规律地吸气和呼气，能帮助你控制恐慌感，改善情绪和记忆力，使你的肌肉不会因焦虑而变得紧张。

5. 接近自然

心情不好的时候，去买束鲜花或盆栽植物，或者到公园去转转，呼吸一下大自然的气息。

6. 读一本温柔体贴的书聊以自慰

读一本诗集，或一本关于女性生活的传记，看看她们是怎样使生活变得更好的。

7. 拒绝“新闻”

一些地方小报的内容，常常涉及谋杀、强奸、抢劫等，能增添你的忧虑和愤怒。打破每天读小报的习惯，了解世界固然重要，但你有权选择需要了解的事。

8. 顺其自然

总是坚持让孩子做你想要他做的事，是导致你不快乐的重要原因。你的职责是保护和教导他们，除此之外，让你的孩子展开他的翅膀吧！

9. 大胆假设

你想在工作中感觉更胜任，或者更爱你的丈夫吗？就这样认为吧！也这样去做吧！令你吃惊的是，改变你的想法和做法，真的会改变你的感觉。

10. 原谅别人

对有些人来说这很难，但如果你能把握住复杂的感情，你会得到内心的平静。愤怒、憎恨、失望的感觉会彻底毁了你。重复说：“我原谅你。”被原谅的人不必出现，甚至不必知道你的原谅，原谅是你送给自己的礼物。是为了得到心灵的安宁。

11. 无私地帮助别人

做一个志愿者——家庭护理、医院看护、为无家可归的人提供住处等。不要期望得到任何回报。

12. 欣赏艺术品

参观博物馆、画廊；学习素描或水彩画；选修诗歌课。

13. 找乐

看喜剧、逗孩子笑、讲笑话。

14. 更明智地进食

有些人总是狼吞虎咽或者饮酒作乐，以弥补内心的空虚或麻痹感情的痛楚。这毫无用处。请把每天的时间用在寻找爱和给予爱上。更慢、更绅士地吃东西，你会把饮食变成一种享受。

第五章
情绪影响我们的成功

成功的人找方法

有这样一则小故事，说的是有家做鞋子的公司，派了两位推销员到非洲去做市场调查，看看当地的居民有没有这方面的需求。不久，这两个推销员都将报告呈给总公司。其中一个说："不行啊，这里根本就没有市场，因为这里的人根本不穿鞋子。"而另一位则说："太棒啦，这里的市场大得很，因为居民多半还没有鞋子穿，只要我们能够刺激他们想要的需求，那么发展的潜力真是无可限量啊！"

同样一个事实，但有完全不同的见解，因为前者是一个消极心态的人，而后者是一个积极心态的人。

俗话说："你若不想做，会找到一个借口；你若想做，会找到一个方法。"

有些时候，面对阻碍、困难或是挑战，首要调适的是自己的心情，问问自己："我用什么样的眼光去看待这个困难？我将要用什么样的态度去迎接困难？"

成功的人是一个具有积极心态的人。

走在大街上，你会看到很多具有消极心态的人。他们情绪沮丧，步履缓慢，两眼无神，他们悲观、失望。具有积极心态的人则不然，他们乐观、自信。虽然挫折不断，但他们不为所困，依然坚持不懈，直至成功。

消极心态是这样的一些人：愤世嫉俗，认为人性丑恶，与人不和；没有目标，缺乏动力，不思进取；缺乏恒心，经常为自己寻找借口和合理化的理由，逃避工作；心存侥幸，不愿付出；固执己见，不能宽容人；自卑懦弱，无所事事；自高自大，清高虚荣，不守信用，等等。

积极心态是这样的一些人：他们有必胜的信念；善于称赞别人；乐于助人，具有奉献精神；微笑常在，乐观自信；能使别人感到你的重要。

引起个人情绪的事件本身是中性的，无任何好事啊坏事之分，但经由个人对事件的诠释而产生的评价，才决定了当事人对此事件的认知与感受。

面对一个阻碍或是挫折亦然，如果把这阻碍比喻为一面墙，我们带着什么样的眼光去看待这面墙？我们如何决定去面对这面墙？

如果你认为这面墙你只要花些力气就能跨越，那它就是一个挑战，你会开始想一些方法试着跨越，如：助跑、撑竿、找帮助你的工具等。

如果你认为这面墙不应该在此出现而有所埋怨，那么它就是个刁难，则心中产生千百个不愿意、不甘愿，则跨过去的可能性，也相对低了很多……

如果你认定这面墙你跨不过去，那它就成了你在这条路上的阻碍……

想到挑战，则跨过去的方法有很多种，想到刁难，想到阻碍、不可能，那你可能连打算跨过去的想法都没有了，于是只能够告诉自己有千百种不可能的理由，然后望墙兴叹……

一个被消极心态困挠的人，纵然嘴中可能时常念叨成功，但就是不能成功，因为他们不愿付诸行动，也不知怎么行动，他们没有目标。

消极的心态深藏在他们的潜意识里，这直接影响了他们的成功。虽然他们想去克服，但又下不了决心去克服，于是他们的生命里就永远不由自主地呈现这种状态。

意念决定行为，行为决定你的结果，想要成功吗？记得先检视看看自己的意念，清查你的消极心态。如何看待你自己的成功之路，切记：你希望得到哪一种结果，取决于你用什么样的态度来面对。

情绪决定胜负

从一方大将到过河卒子，从老板到员工，从战场、情场到职场，情绪——决定胜负。

历史上著名的“楚汉相争”其实是就是一场驾驭情绪的战争。情绪智力高的张良、韩信等人，辅佐情绪智力高的刘邦，打败项羽。刘邦常被视为“弱势赢家”的典范，比起项羽的强大军力，刘邦的确处在弱势，但就情绪管理能力，项羽却无法比得上刘邦。

有一次，刘邦被项羽围困，他的大将韩信攻下齐国后，派使者捎信，要求刘邦命他代理齐王（假王），安定局势。

刘邦大怒，骂道：“我受困在这里，等你来救，你却想自立为王。”张良、陈平急忙暗踩刘邦的脚，咬耳朵。刘邦顿悟，继续破口大骂，骂的却是：“大丈夫平定诸侯后，就是真王了，当什么假王？”

于是，派张良带着印信，封韩信为齐王，同时征调韩信的部队，攻击项羽。

忍住受辱的情绪

当刘邦的父亲被项羽捉去当人质，放在砧板上，要挟刘邦投降，否则把刘父给煮来吃。刘邦忍住悲伤与愤怒，反而故作轻松地说：“别忘了分我一杯羹。”

自己的父亲受到如此羞辱折磨，自己的部将急于据地为王，刘邦内心之激愤，不言可喻。他能忍得住愤怒，这样的功夫，实在是难得。此中的奥妙，苏东坡如是说：“刘邦之所以获胜，项羽之所以失败，完全就在于一个能忍耐、一个不能忍耐罢了。”

先处理心情，再处理事情

刘邦如此，麾下谋臣勇将情绪管理的功力更是深不可测。

圯上老人故意把鞋甩到桥下，要张良捡起来再帮他把鞋穿上。无比巨大的侮辱，张良办到了，没有气愤，没有怨言。老人认为孺子可教，要张良5天后再来。张良晚到，被圯上老人斥责，没有气愤，没有怨言，下次更早。连续折腾到第三次，张良不到半夜就去了。老人很高兴，送他一部《太公兵法》。张良如获至宝，受益良多。

张良年少时血气方刚，凭个人的力量，冒险狙击秦始皇，不能深谋远虑，只想用荆轲、聂政那样行刺的小计谋。圯上老人为他惋惜，因此，老人故意摆出高姿态，考验张良，确定张良能够忍耐刁难，证明张良已经成熟了，才传授其书，托他平定天下。

也就是说，圯上老人很清楚一件事：先处理心情，再处理事情。

他也必须确定一件事：张良是不是可以先处理他的心情，再处理他的事情?

小小的考验证明，张良不但成熟了，展现了一流的情绪管理功夫。日后还为刘邦谋划操盘，在“假王事件”中提示刘邦隐忍求全。

而用兵所向无敌的韩信，在出道前还能忍住胯下之辱，可以看出其人情绪管理能力之高。

这就是孟子所讲：“天将降大任于斯人也，必先苦其心志，劳其筋骨，饿其体肤，空乏其身，行拂乱其所为，所以动心忍性，增益其所不能。”

虚荣掩盖了理性

“动心忍性”，就是我们现在讲的“情绪管理”。一项以全美前500大企业员工为抽样的调查显示，一个人的情绪管理能力对工作成就的影响是智力水平约两倍，职位愈高，情绪管理能力的影响指数就愈高。

项羽的作战能力一流，自己的非凡成就却被情绪管理能力拖垮了。遥想当年，当项羽看到秦始皇巡游，一句“彼可取而代也”，何其雄迈潇洒，当项羽夸口“身经九十余战，所当者破，未尝败”时，何其意气风发。

然而，不过31岁，其败，退至乌江，当地亭长驾船，要护送他渡江回他的江东故乡，东山再起，项羽却拒绝了。他觉得好没面子，无颜见江东父老，自刎而死。

同样为了面子，早先项羽屠灭咸阳，不可一世，本可据守关中称帝，他却想着“富贵不归故乡，如衣绣夜行”，只想回去江东。虚荣的情绪掩盖了现实的考量，以致竞逐之路，多了几分曲折。

“胜败兵家事不期，包羞忍耻是男儿。江东子弟多才俊，卷土重来未可知。”唐代诗人杜牧在这首“题乌江亭”诗中，为项羽过早放弃而惋惜。“包羞忍耻”才是真正的英雄男子汉。然而项羽不肯放下身段而自刎，“天之亡我，非战之罪”一方面是遁辞，一方面更强化了他情绪管理能力的匮乏，怨天尤人的性格。

维持正向的情绪

情绪管理不好，即使其他条件再好，也不是大将之才。《孙子兵法》说，将领有5项最危险的事，其中的“忿速可侮”，“忿”是易怒，“速”是易躁。性子暴躁的人，受不了侮辱，容易被刺激而怒发冲冠，坏了大事。

在几项常见的情绪管理方法里，包括：觉察自己真实的情绪、以更大的弹性适应环境、增加自身的挫折容忍力等等，项羽付诸阙如。可惜了。

我们每天都会面对各种纷杂、多变而不定的情绪，唯有保持正向人格特质，以觉察、调节代替压抑、否定和放纵，才可成为情绪的主人。

情绪管理不善，生涯管理、人际管理、时间管理、危机管理再强都是假的。

楚汉相争，就是历史给我们最好的注释。

从一方大将到过河卒子，从老板到员工，从战场、情场到职场都一样。

成功的情绪障碍

成功带给人财富、荣耀和幸福。任何人都向往成功，但有些人在漫漫长夜中，苦苦追寻成功的真谛，却始终没曾找到，是客观条件不具备，还是……

世界科学领域本应该拥有更多牛顿、爱迪生、爱因斯坦等伟人。

世界文坛本应拥有更多托尔斯泰、巴尔扎克和狄更斯等世界著名作家。

哲学、艺术领域本也应拥有更多马克思、莎士比亚和弗洛伊德等名人。

然而，许许多多本来能够为人类做出杰出贡献的人才被埋没了，被什么东西埋没的？被自己，被自己非正常的心理情绪。例如，自卑、孤僻、心胸狭隘、兴趣索然，情感脆弱以及优柔寡断等。正是驾驭自己，不能够控制这些消极情绪，使他们错过了能够卓尔不群的机会，甚至有的一辈子与成功无缘，一辈子只是望洋兴叹。

自卑

因为自卑，他们就没有勇气选择奋斗的目标；因为自卑，在事业上就不能奋起直追，出人头地，他们总是走在别人的后头；因为自卑，就失去了战胜困难的勇气，得过且过，随波逐流，最后消失在茫茫人海里，杳无音信。

孤僻

孤僻并非是一件坏事，但问题的关键是，一些孤僻的人，封闭了自我，隔绝了自己与外界的联系。他们不愿与外界沟通，更不愿与他人交往，他们以自我为中心，从未想去关心别人，帮助别人，最后，在孤僻中，产生一系列心理问题，如恐怖症、焦虑症等，并与这些心理疾病为伍，越来越远离奋斗、成功。成功仅会从他们的梦中得以实现。不过，一些严重的孤僻者，甚至一辈子也不曾梦见成功，成功对他们来说只是另一个世界的事。

心胸狭隘

心胸狭隘的人总是用阴暗的眼光去看待社会。他们总认为，世界除了他以外，几乎没有一个好人。于是，他们总会斤斤计较，患得患失，总是怀疑别人有什么不可告人的目的和动机。心胸狭隘的人也是目光短浅的人，他们不会有远大的抱负，他们重视眼前利益，看不到成功的未来。他们中的大多数都是过一天算一天，只要快活就行。心胸狭隘的人很少去帮助别人，当然就很难获得别人的支持。没错，这样的人怎样成功呢？不能，永远不能。

兴趣索然

兴趣是人生最好的老师，兴趣是动力之源，兴趣是获得一切知识的法宝。然而，有的人终其一生没有什么兴趣爱好，有的话，也只是打打麻将，抽抽烟。可那不是人积极的兴趣爱好。很多人都想成功，做梦都想成功。但就是不做努力，不去行动。他们没有任何特长，除了对吃喝玩乐有兴趣外，对其他任何事都没兴趣。但就是这样，却常幻想成功，会某月某日一举成名。最后，什么都不会发生。兴趣索然是成功的大敌。它会把一个人葬送在无情的岁月长河里，让你生不带来，死不带去，最后消失在地球上。

优柔寡断

优柔寡断的人，一定是一个情感脆弱的人，缺乏毅力的人，也是一个抓不住机会的人。当困难降临时，优柔寡断的人就会说，撤吧，再不撤就来不及了；当机遇来临时，优柔寡断的人会说，等等看吧，再等等看吧。然而，当他决定时，成功的机遇早跑得无影无踪。成功对优柔寡断者来说，永远是可望而不可及的东西。他们能看到希望，但他们得不到希望的果实。最终的结局，他们是一个失败者，一个平庸的人。

人人渴望成功，成功给每个人的机会是平等的。但有的人成功了，有的人没有成功，输在哪里？输在他自身，输在他不能驾驭自己的情绪。

因此，想成功，就要努力克服人自身的心理障碍，只有这样，才有成功的希望。

保持成功者的心态

一句名言：要有自信，然后全力以赴——假如具有这种思想，任何困难十之八九都能解决。

的确，人们在遇到拦路虎的时候往往表现得十分脆弱，一件事情还没开始去做，便去考虑失败后的结果，这样，必然会在精神上增加不必要的负担，导致内在潜能得不到充分的调动与发挥，从而在困难面前畏首畏尾，甚至造成自我封闭、自我压抑，最后导致心理失衡。而给事情带来真正失败的结果。

要避免与摆脱这种心理上的失衡，就必须时时表现出一种强者的风范，敢于面对困难与挫折，并始终怀着必胜的信念去克服、战胜困难，坚定不移地朝着成功的目标迈进。因而有意识地培养自己的“强者”意识，可以说，这是度过心理危机的良方。

强者对待事物，不看消极的一面，只取积极的一面。如果摔了一跤，把手摔出血了，他会想：“多亏没把胳膊摔断。”如果遭了车祸，撞折了一条腿，他会想：“大难不死必有后福。”强者把每一天都当作新生命的诞生而充满希望，尽管这一天有许多麻烦事等着他；强者又把每一天都当作生命的最后一天，倍加珍惜。

有时候，我们可以有意识地造成一种“自我成就感”，从而逐渐在心理上形成一种能抑制自卑情绪产生的良性循环机制。如果你做了一件自己十分满意的事，你不妨告诉自己，今天我干得真不错。这样，你就自己褒奖了自己，使自己拥有一种满足感，从而充满自信，更加坚定地去面对和迎接一切新的挑战。

世界著名博士贝尔曾经说过这么一段至理名言：“想着成功，看看成功，心中便有一股力量催促你迈向期望的目标，当水到渠成的时候，你就可以支配环境了。”的确，假如能反复想着成功，你自然会全力以赴，直到成功为止。

有一位学者在路过一座山的时候，看见山上有很多人在艰苦地雕凿各种石条，于是他好奇地顺便问了两个人同样的话题：“你们这么辛苦的劳动，是为了什么？”

其中一个回答说：“为了赚钱呗。”而另外一个则回答说：“我们准备盖一座本地最好的房子。”

显然，前一个人是为钱而工作，而后一个人是为事业而工作。

同一个问题，不同的回答，反映了两种不同的心态，不同的人生哲学，因而由此也决定了他们今后不同的人生道路，不同的人生结局。

一个人的能力深受自信心的影响。能力并不是固定产生的，能力发挥到何种程度有极大的弹性，能力感强的人跌倒了能很快爬起来，遇事总是着眼于如何处理、解结，而不是一味担忧、等待。

积极的心态创造人生，消极的心态消耗人生。积极的心态是成功的起点，是生命的阳光和雨露，让人的心灵成为一只翱翔的雄鹰。消极的心态是失败的源泉，是生命的慢性杀手，使人受制于自我设置的某种阴影。选择了积极的心态，就等于选择了成功的希望；选择消极的心态，就注定要走入失败的沼泽。如果你想成功，想把美梦变成现实，就必须摒弃这种扼杀你的潜能、摧毁你希望的消极心态。

三种特别模式的心态会造成人们的无力感，最终毁其一生。它们是：

（1）永远长存。即把短暂的困难看作永远挥之不去的怪物，这是在时间上把困难无限延长，从而使自己束缚于消极的心态不能自拔。

（2）无所不在。即因为某方面的失败，从而相信在其他方面的也会失败。这是在空间方面把困难无限扩大，从而使自己笼罩在失败的阴影里看不到光明。

（3）问题在我。即认为自己能力不足，一味地打击自己，使自己无法振作。这里的“问题在我”，不是勇于承担责任的代名词，而是在能力方面一味地贬损自己，削弱自己的斗志。

如果有这样的情形出现，我们就要从这种消极的心态阴影下摆脱出来。

获得一个良好的心理状态，寻求心理上的平衡，很重要的一点就是要始终保持一个成功者的积极的心态，设定自己是个成功的人物，这样，你就会发挥出极大的热情和自信去面对前进道路上遇到的种种艰难险阻。虽然你还未成功，但这种自我造就的心理成就感会促使你朝着成功的目标迈进。

理智来消解不良情绪

一天晚上，在漆黑偏僻的公路上，一个年轻人的汽车抛了锚：汽车轮胎爆胎了！年轻人下来翻遍了工具箱，也没有找到千斤顶。怎么办？这条路半天都不会有车子经过，他远远望见一座亮灯的房子，决定去那个人家借千斤顶。在路上，年轻人不停地在想：

“要是没有人来开门怎么办？”

“要是没有千斤顶怎么办？”

“要是那家伙有千斤顶，却不肯借给我，那该怎么办？”

……

顺着这种思路想下去，他越想越生气，当走到那间房子前，敲开门，主人刚出来，他冲着人家劈头就是一句：“他妈的，你那千斤顶有什么稀罕的。”

弄得主人丈二和尚摸不着头脑，以为来的是个神经病人，“砰”的一声就把门给关上了。

在这么一段路上，年轻人走进了一种常见的“自我失败”的思维模式中去，经过不停地否定，他实际上已经对借到千斤顶失去了信心，认为肯定借不到了，以致到了人家门口，他就情不自禁地破口大骂了。

在我们平时的生活中，也有许多人会对自己做出一系列不利的推想，结果就真的把自己置于不利的境地。

在做一件事前，你是否常在心中对自己说：“可能不行吧，万一怎么样怎么样。”结果可能还没去做，你就没有信心了，事情十有八九就会朝着你设想的不利方向发展。

对于盲目滋生起来的不良情绪，需要借助于理智来消解。

比如，有人当众给你提了许多意见，正确的方法应该是理智地分析一下，人为什么会给你提意见？是有意让你难堪，还是真诚地关心帮助你？所提的意见是否有道理？通过理智的分析，问题就明了了，气愤的心情就会自然而然地平息下来。

别把机会看成问题

有一位画家，在大庭广众之下作画，当他快完成画时，旁边有一位小孩，不小心推倒了原料。而沾染了整张画。这位画家沉思良久，运用智慧，耐心地把那些污染点改画成美丽的花朵，参展结果居然夺魁。裁判们一致的评语如下：因为那些花朵才得奖。

在我们的生命历程中，不也经常遭遇到像那位画家一样的麻烦或困境吗？静静地想一想！我们用什么样的心态去处理呢？把画撕掉或怒责那位小孩？还是自认倒霉，重新再画一张？

还是……总而言之，逃避问题，只会被问题所吞噬。

我们都知道，危机或问题的内部，时常隐藏着成功的契机，只待我们用智慧去挖掘。

我们比较容易会用顺境的梯子往上爬，比较不懂得借用逆境的助力向上升。

鸟类和飞机要往上飞高，必定要借逆风的助力才办得到，而不是顺风。

没错！鼓励和赞美的话语，常是我们进步的原动力。如果我们也能把指责和批评的言语化成刺激进步的养分，那我们的人生将处处开满美丽的花朵，并时时结出甜美的果实。

坦白地说："花草树木就常从人类的恶臭（粪便）中，吸取能使它开出鲜艳花朵及结出甜美果实的养分。"

世上很多丰功伟业，都是从问题、危机、苦难甚至绝望中才孕育出来的。

所以我们是不是不应该把一个机会看成是问题，反而应该把一个问题看成是机会。

化腐朽为神奇

有一个人搬入新居之后，才发现后院中央有一块巨大的石头从深土里突出，和整个院子格格不入，看上去非常不舒服，但是他绞尽了脑汁，就是无法移动这块巨石。他终日闷闷不乐，无法移动园中之石，“心中之石”越长越大，最终他忧郁而死。

第二位主人迁入之后，也一样为这样一块石头耸立在院子里面心存芥蒂，经过思考，这位主人把这块巨石当成假山，在巨石旁边种植花草，建造水池，后院顿成美丽花园，来做客的人都会被它所吸引，赞不绝口。大家都把目光焦点，集中在那座假山（巨石）上。因为那块鬼斧神工自然天成的巨石，所散发出来的雄伟气势，使人赞叹大自然鬼斧神工之美妙，因而衬托出整座花园的力和美。

在人生过程中，我们不也常自以为有缺点或缺陷，终日闷闷不乐，甚至自怜自叹，忧伤不已吗？其实所谓缺陷，实际上常常是表示我们在某一方面与众不同的标记，也是表示我们在某方面超群出众的特点。只要运用得当，缺陷也会成为特点。

大音乐家贝多芬如果不是因为耳聋，也许他就不会写出如此震撼人心、永垂不朽的乐章。而海伦·凯勒的一生之所以会如此辉煌，或许正是因为她那与生俱来的残障所致。

所以当我们面对逆境，甚至自认它无法改变的时候，只要我们肯学习，将生命中种种负面影响因素，转变成正面因素，它就能为自己的画布添上浓重的一笔。

第六章

善用你的情绪影响力

传染微笑而消除敌意

一位朋友有着这样一天的经历：

那天，我站在一个珠宝店的柜台前，把一个装着几本书的包放在旁边。在我挑选珠宝时，一个衣着讲究，仪表堂堂的男士也过去看珠宝，我礼貌地把我的包移开。但这个人却愤怒地瞪着我，告诉我他是个正人君子，绝对无意偷我的包裹。他觉得他受到了侮辱，重重地把门关上，走出了珠宝店。

“哼，神经病。”莫名其妙地被人这么嚷了一通，我也很生气，也没心思看珠宝了，出门开车回家。

马路上的车流像一条巨大而蠢笨的毛毛虫，缓慢地蠕动。看着前后左右的车我就生气：“哪来这么多车；哪来这么多臭司机，简直就不会开车；那家伙开这么快，不要命了；这家伙开这么慢，怎么学的车，真该扣他教练奖金……”

后来我与一辆大型卡车同时到达一个交叉路口，我想：“这家伙仗着他的车大，一定会冲过去。”当我下意识地准备减速让行时，卡车却先慢了下来，司机将头伸出窗外，向我招招手，示意我先过去，脸上挂着一个开朗、愉快的微笑。在我将车子开过路口时，满腔的不愉快突然全部无影无踪。

珠宝店中的男士不知道从哪里接受了愤怒，又把这种坏情绪传染给我，带上这种情绪，我眼中的世界都充满了敌意。每件事，每个人都在和我作对。直到看到卡车司机灿烂的笑容，他用好心情消除了我的敌意，有了快乐的心情，才听到了鸟儿的歌唱。

别人冲你生气，是因为他有气，而不完全是你的错。如果都能传染微笑而消除敌意，世界该有多美好。

一位公共汽车司机因和爱人闹矛盾，近段时间心里一直窝着火。这天的车开得慢了点，坐在前排的一个乘客嚷起来，司机不理，后排的几个人也开始嚷起来，不是嫌车晚点，就是嫌车开得不稳。司机阴着脸一言不发，车就要转弯了，他猛然加快速度，后座的几个乘客从座位上摔下来……

类似“情绪污染”造成的不快，我们或多或少都经历过。人不仅易传染上由细菌病毒所引起的疾病，也会染上“情绪病”，如沮丧、不快、悲痛等。心理学专家发现，不管是怎样的一个乐天派，当他整天与一些愁眉苦脸的人在一起，也会染上坏情绪。这种情绪污染最易发生在家人之间，如父母、配偶、子女、兄妹等，并且越是具有同情心的人，染上“情绪病”的概率会越高！

紧张的工作压力，繁忙的生活节奏使都市人的精神承载力变得十分脆弱，所以常会有人感到“最近比较烦”，如果这人不懂得控制调整，任自己不好的心情传播扩散，轻者搞得家庭里气氛沉闷、争吵不休，重者可使他周围的小环境受到影响，其身边的每个人都觉得别扭窝火。

有位姓王的太太听她的同事介绍，中山路一家鞋店服务态度特好，于是在周末特地前往该店买鞋，但没想到她竟受到了冷待，因而心里很不是滋味，有一种受骗的感觉。

上班的时候，王太太把自己的遭遇告诉了她同事，同事向她表示一定去找店主讨个说法。

王太太的同事去找店主的时候，不是向其转告王太太的牢骚与不满，而是灵机一变，转而告诉店主说，王太太对其优质服务十分满意，深表感谢，弄得店主乐呵呵的，忙说：“哪里？哪里？”

过了几天，王太太再去该店时，看到该店竟十分红火，店员一个个忙得不可开交，但每个人的服务态度特好，王太太自然也受到了不同以往的优质服务。

从此，王太太像换了个人似的，心情特好，一天到晚满脸红光，见到谁都点头微笑，仿佛要把内心的快乐与友善传递给身边的每一个人，工作效率也大大提高，家庭关系更加和睦了。

王太太也许没想到，由于她情绪的变好，不仅极大地改变了她自己，同时也影响了她周围一圈又一圈的人，使一大批人沐浴在有如春天阳光般的温暖之中，尽情地感受生活的乐趣，人间真爱。

这就是广为流传的“王太太效应”。

心理专家提醒，在越来越拥挤和狭窄的都市空间里，人们有了不愉快的事情时，不应表现得太直接外露，以免污染别人的好心情，尤其是当别人的情绪影响到自己时，更不要充当“二传手”将坏情绪传染给其他人。情绪不良时，应及时进行调节。预防“情绪病”，可多交些开朗幽默的朋友，尽量避开那些与您不太相干的有不良情绪的人。最后，还应储存快乐，比如可多看看漫画、笑话，同时珍藏生活中的快乐，情绪不良时不妨回味一下

在生活中还有这么一种人，总想让别人的喜怒哀乐能与自己“同步”。当他们心情愉快时，希望周围的人也跟着自己高兴；当他们心情不好时，别人也不能流露出一点儿欢乐。否则，轻者耿耿于怀，重者便寻衅以“制服”对方。这种情绪上以自我为中心的做法是非常要不得的，因为它会严重破坏和谐的社会及家庭环境并造成许多不良后果。

有的人在单位里遇到不顺心的事之后，回到家便看谁都不顺眼。甭管是大人还是孩子，谁高兴一点儿都不行，哪怕是多看他一眼，也会引来一顿臭骂。有的家庭因此而屡屡暴发“战争”，常被笼罩在沉闷的气氛之中。

有的人自己心情不好时，也不允许单位里其他同事说笑或进行正常的娱乐活动。他会不时地干涉别人、扰乱别人，破坏周围欢乐的气氛。时间久了，他会因不受欢迎而成为孤家寡人，陷入孤立的状态之中。上述性格特征往往是一种心理变态的征兆，若任其发展，对人的心理健康十分不利。其实，当你高兴时，别人不一定都有高兴的事；而当你心情很坏时，别人兴许心境极佳呢。所以，总想让别人的情绪围着自己“转”，是不现实的。若是一个人高兴，全天下的人都眉开眼笑，而一个人悲伤，所有人心情都低沉，这岂不是太滑稽了吗？

有上述心态的朋友应该提高自身的修养水平，培养宽宏大度的气度，克

服以我为中心的思想。不论在单位里，在社会上，还是在家中，都应该有群体观念，不能因为自己心境差，就不许别人欢乐，也不应因为自己兴奋或得意，苛求别人也高兴。其实，周围欢乐的气氛正能帮助自己冲淡不良情绪，大家共同营造祥和的环境，会让每个人都感受到温馨，何乐而不为？

愿您做个欢乐的使者，千万别做“传染”不良情绪的人。

情绪是可以传染的

“情绪化”是做上司的大忌，当你心情不好时，你的工作效率和判断能力都会大打折扣。而且，会不自觉地板起面孔，让看见你的人都感到不愉快，而身为你的下属，自然更想退避三舍。

假如你的情绪低落只是偶然才会发生，那尚有被救的余地，但假如你经常如此，你的下属会愈来愈远离你，所谓“众叛亲离”，往往也由此而起。须知无故发脾气，会令你身为上司的形象大打折扣。

情绪不佳更容易令你失去控制。虽然你知道当众指责下属是不明智、不应该的行为，但恰巧你心情恶劣，下属的愚笨又加添你的麻烦，在这种情况下你便容易犯错。被当众辱骂的下属不会因此改过，但周围的人却会因此而鄙视你。

要做个受下属欢迎的上司有很多条件，但第一步要做到的便是经常保持愉快、平衡的情绪。情绪是有传染性的，越能有积极健康的情绪，便能激励下属。

有人认为情绪不稳是天生的，无法改变；其实不然。

首先你要了解自己是否是一个情绪化的人，然后才能面对问题，学习改变自己的情绪。

透过自我催眠，可以将人灰暗的情绪——变成为积极、愉快的情绪。

有位做保险经纪人的朋友，她无论晴天雨天，被接受或被拒绝、生意好或生意差，都能永远保持愉快的笑容，奋勇向前的斗志。原来她有个法宝，每天早上出门时，都面对镜子称赞自己一番。例如：“你今天好棒啊！”“你多么漂亮！”“我担保你今天一定成功！”“今天有好运气！”等，然后才兴致勃勃地外出。

在特别疲劳的日子，她更刻意打扮，更不忘在出门前把公文包内无用东西拿去，尽量减轻负荷。她很快便由一个普通代理人晋升为主管了。

可见自我催眠效力之大。

一个成功的主管，往往也能是个善于自我控制的人。人生有起有伏，我们却不能随波逐流，让周围的环境控制自己。假如一大清早，你出门时便感到精神萎靡，那便是一个极危险的信号了；你随时有可能被下属指为“一个情绪化的上司”。

你应该立即折回房内，对镜子自我催眠，转移情绪，然后，乘坐更舒适的交通工具上班；例如平日你乘地铁，今天不妨乘出租车，总之尽量让自己感到舒适，减轻压力。

回到办公室，假如你觉得自己仍摆脱不了低落的情绪，最好暂时尽量避免做督导的工作，因为这时候你未必能传播健康的情绪及信息。你应该选择一些独自处理的工作，例如文件上的工作，让完成工作的满足推动你回复健康的情绪。

情绪是可以改变的，全在你的信念。

慈悲的藤条

参加一位老师的退休餐宴。前来表达祝福的都是他三十多年教职生涯的学生。热闹中一位小平头的中年人举手要大家安静，说是要送老师一份礼物，只见他从身后端出一个包装精美的长木盒，在众人的期待中打开。

“天哪！老师的藤条！”所有的人一齐大声惊呼。

铁的教育的年代，藤条是教育权威的象征。人们眼中再顽劣的小孩，总还是会在如雨落下的藤条声中求饶改过。年轻时的老师从不轻易祭出这招，直到一位学生犯下滔天大祸，濒临开除边缘。

“老师下手不重，我就是跪着不认错，”中年人回忆着，“没想到老师突然叹口气说‘没教好你，实在也是我的过错’，然后每打我一下，就用藤条重重地打他自己大腿一下！”

师生的僵局在此起彼落的藤条声中，让目睹的全班同学都愣在那里，到啜泣声四起。老师打了自己四五十下，跪着的同学终于忍不住一把抱住请老师住手，哭着表达悔意。学生赤红的掌心，老师淤紫的大腿和一根打裂的藤条，终于唤回一个孩子悔改的真心。

“处罚，其实是为了给孩子一个参考的界线，因为人生确实是一失足成千古恨的”满头白发的老师，温暖的语气如初，“但再严厉的处罚，都不能离开慈悲的动机。真正的慈悲，没有愤怒只有爱，孩子们会懂得的。”

哽咽无语的这位中年人向老师深深鞠躬：“我要谢谢老师当年把我打醒……”

可以想象当年的那位小孩，决定偷偷收藏这根藤条时，他就已经清醒了。

一根慈悲的藤条，穿越了疼痛，成为孩了回忆中永恒的支柱。

给人一个台阶

那天闲逛商店，看见一位顾客来退西装。售货员发现西装有洗过的痕迹，但她没有揭穿，而是给顾客寻求了一条免于难堪的退路。她说："可能您家人不小心搞错了，把这西装送去洗了。我也有类似的情况，有一次，我外出时洗衣店的人来了，我丈夫稀里糊涂地把一大堆衣服让人抱走了。和您一样，不是吗？您看，您的衣服上面有洗过的痕迹。"顾客听了无话可说，大概心里倒有些感激这位售货员。

这位售货员的心是善良的，因为她懂得给人一个台阶。金无足赤，人无完人。在生活中，谁都可能有错误和失误，谁也有可能陷入尴尬的境地。

因而，给人一个台阶，是为人处世应遵循的原则之一。英国诗人华兹华斯说过："正义之神，宽容是我们最完美的所作所为。"给人一个台阶，正是宽容的一种体现。

给人一个台阶，最能显示出一个人的良好修养。只有襟怀坦荡、关心他人的人，才会时刻牢记给人一个台阶。在受到伤害时，许多人都会与对方针锋相对地吵闹一番，结果使双方都十分难堪。而美国总统林肯发火的时候，却尽情地写信发泄，等花了很多时间把信写好后，自然就心平气和了，就能理智地处理问题。虽然宽容并不意味着一味忍让，但学会最大限度地宽容，就能避免许多尴尬。

给人一个台阶，往往会赢得友谊，得到信赖。富兰克林少年时十分狂傲，凡是与他意见不同的人，都要遭到他的侮辱。后来，他及时改变了乖僻、好辩的性格，不再给人难堪，而是坦然接受反驳他的所有正确言论。在与人交谈时，他也和气了许多。这种转变，使他结交了很多朋友，最终成为易于掌握公众言论的政治家。的确，给人一个台阶，往往是拥有朋友的开始，也是自己成功的开始。

人是很容易被感动的

20世纪30年代，一位犹太传教士每天早晨总是按时到一条乡间土路上散步。无论见到任何人，总是热情地打一声招呼：“早安。”

其中，有一个叫米勒的年轻农民，对传教士这声问候，起初反映冷漠，在当时，当地的居民对传教士和犹太人的态度是很不友好的。然而，年轻人的冷漠，未曾改变传教士的热情，每天早上，他仍然给这个一脸冷漠的年轻人道一声早安。终于有一天，这个年轻人脱下帽子，也向传教士道一声：“早安。”

好几年过去了，纳粹党上台执政。

这一天，传教士与村中所有的人，被纳粹党集中起来，送往集中营。在下火车、列队前行的时候，有一个手拿指挥棒的指挥官，在前面挥动着棒子，叫道：“左，右。”被指向左边的是死路一条，被指向右边的则还有生还的机会。

传教士的名字被这位指挥官点到了，他浑身颤抖，走上前去。当他无望地抬起头来，眼睛一下子和指挥官的眼睛相遇了。

传教士习惯地脱口而出：“早安，米勒先生。”

米勒先生虽然没有过多的表情变化，但仍禁不住回了一句问候：“早安。”声音低得只有他们两人才能听到。最后的结果是：传教士被指向了右边——意思是生还者。

人是很容易被感动的，而感动一个人靠的未必都是慷慨的施舍，巨大的投入。往往一个热情的问候，温馨的微笑，也足以在人的心灵中洒下一片阳光。

不要低估了一句话、一个微笑的作用，它很可能使一个不相识的人走进你，甚至爱上你，成为你开启你幸福之门的一把钥匙，成为你走上柳暗花明之境的一盏明灯。有时候，“人缘”的获得就是这样“廉价”而简单。

善待身边的每一个人

有一个人在拥挤的车潮中开着车缓缓前进，在等红灯的时候，一个衣衫褴褛的小男孩敲着车窗问他要不要买花。他刚刚递出去五块钱绿灯就亮了，后面的人正猛按喇叭催着。因此他粗暴地对正要问他要买什么颜色花的男孩说：“什么颜色都可以，你只要快一点儿就行了。”那男孩十分礼貌地说：“谢谢你，先生。”

在开了一小段路后，他有些良心不安，他粗暴无礼的态度，却得到对方如此有礼的回应。于是他把车停在路边，回头走向孩子表示歉意，并且又再给了五块钱，要他自己买一束花送给喜欢的人。这个孩子笑了笑并道谢接受了。

当他回去发动车子时，发现车子出故障了，一动也动不了，在一阵忙乱之后，他决定步行找拖车帮忙。正在思索时，一辆拖车竟然已经迎面驶来，他大为惊讶。司机笑着对他说，有一个小孩给了我十块钱，要我开过来帮你，并且还写了一张纸条。

他打开一看，上面写着：“这代表一束花。”

立即表达心中的想法，勇于认错才是真正的勇者。你的一份善意往往能立即得到回报，而内心的释怀正是最好的报答。

第七章

做自己情绪的主宰

及时浇灭愤怒之火

愤怒犹如火山爆发。愤怒的人会变得毫无宽恕能力，甚至不可理喻，思想尽是围绕着报复打转，根本不计任何后果。火山不但破坏了周遭环境，更重要的是毁坏了自己。因此及时地浇灭愤怒之火，是自我保全、保护环境的有效手段。

什么是愤怒

愤怒是什么？我要如何保持冷静和沉着，但是在重要的片刻仍然能够有所反应？

愤怒就是你想得到某些东西，有人阻止你去得到它，有人在中间阻碍。你的整个能量想要去得到什么东西，而有人阻碍了那个能量的顺利释放，因此你无法得到你想要的东西。

这个受挫的能量转而指向了那个阻碍你的人，就变成愤怒，变成对那个破坏你去达成自己的欲望的人生气。

愤怒，你是无法避免的，因为愤怒是一种副产物，但是你能够做其他的事，好让那个副产物根本就不发生。

在生活当中，应该记住：永远不要欲求一样东西欲求得太强烈，好像它是事关生死。稍微带着一点游戏的心情。并不是在说不要欲求，因为那会变成你的压抑。而是，你还是去欲求，但是让那个欲求带着游戏的心情，如果你能够得到它，那很好，如果你得不到它，或许是时机不对，我们下一次再看看，学习一些游戏的艺术。

我们总是把自己的欲望看得太大，因此当它受到阻碍，我们自己的能量就变成了火山岩浆，它会烫人的，在那种几乎是疯狂的状态下，你什么事都做得出来，你会做出将来会后悔的事。咆哮失控的岩浆，肆虐地吞噬着森林小溪，它会产生一连串的连锁反应，使你的整个人生纠缠进去。就是因为这样，所以几千年来，他们一直都在说：“有容乃大，无欲则刚。”这是在要求不合乎人性的事，即使那个叫你“要变得无欲的人也是在给你一个动机、一个欲望：如果你变得无欲，你就会达到最终的自由——涅槃。可那也是一种欲望。

控制自己的愤怒

当我们感到愤怒的时候，不但肌肉紧张、情绪高涨，更容易令我们争端。若我们压抑怒气，积聚下来时突然出洪暴发般乱发脾气，累及无辜；又或者因心烦意乱而导致生活上的各种大小意外和疏忽。

愤怒在某些情况下是一种自然的反应，但并不是在每一种情况中都要如此反应。我们所处的社会是靠彼此的合作和帮助维持的。我们必须经常控制某些直觉的情感。重要的是，我们要承认别人与自己都有情绪存在——但是我们不能拿它当借口，每次有什么感觉，就毫无考虑地发泄出来。大家都知道化怨恨为祥和的重要性，但我们可会知道如何消除怒气呢？试试下面的方法吧。

首先讲记着：“先则口角，继而动武，混乱中有人应声倒地，送院途中不治毙命。”这是世界上大多数命案背后的定律，所以应付怒气的第一个良方便是慎言，不要胡乱谈骂，提醒自己，反问自己说了这句话自己会否后悔，会否把事情弄坏。这时若能按着怒火，深深吸呼一口气，藉这一两秒的时间冷静一下，才有机会反省自制。

另外，当其中一方恐惧不安时，他们必定会先发制人，所以在争拗时，人往往因为担心对方会制服自己而先拔出武器来做自我防卫，结果闹出惨剧。因此，处理怒气的另一个戒条，便是要小心注意恐惧的程序，不要让恐惧控制了你的理智和判断能力。应付恐惧最好的方法，莫过于“三十六计走为上计”，若自己已感到有点恐惧不安，便尽快离开冲突现场，以免自己会因感到牢笼困兽而付诸攻击侵略性的行径。

而对冲突场面，若我们能保持镇定，以平和自信的声调，慢慢地清楚地把自己的立场诉说出来，这样不但能够令自己保持冷静思考，谨慎处理场面，维持到慎言慎行的表现；更可以避免令对方感到莫名恐惧而做出冲动的反应，令对方可以受你感染而保持冷静，双方细心分析事件始末，了解各自的立场观点，从而找出一个双方都可以接受的解决方法。这一种坚定立场的态度，绝对不是软弱逃避的方法，也不是充满挑衅性的冲突方法，它成功在于能让当事人以平静的情绪来与对方坦然讨论自己的感受、看法和与对方冷静地去面对分歧，令双方的怒气可以向下沉，避免互相激怒对方。

适当地表达你的愤怒的几个原则：

（1）你发出的言论是指行为的，而不是指某个人。换句话说，你可以批评他人的工作，但不要指责他人的才智。

（2）不要赘述过去的事，指责仅仅指向眼前的情境。

（3）永远不要涉及他人的家庭、种族、宗教、社会地位、外貌或说话方式。

（4）不要限制别人发火。当你向别人怒吼时，对方也有回敬的权利。

（5）如果你在其他人面前不公正地对一个人发了火，那么，你必须当着其他人的面向他道歉。

（6）让别人明确地知道你为什么生气。

（7）不要将事情做绝，要给自己留有余地，在你冷静下来后，可以重新考虑。如果可能的话，给对方留一条后路。假如对方主动纠正了过失或道了歉，你就不要继续发火了。

冷静的方法

在生活中，我们几乎天天遇到这样的情况：堵车堵得厉害，交通指挥灯仍然亮着红灯，而时间很紧。有的人烦躁地看着手表的秒针。终于亮起了绿灯，可是前面的车迟迟不起动，因为开车的人思想不集中。司机愤怒地按响了喇叭，乘客们嘀嘀咕咕。那个似乎在打瞌睡或是开小差的人终于惊醒了，于是，前面的车缓缓起动了。而我们呢，却在几秒钟里把自己置于紧张而不愉快的情绪之中。

诸如此类的例子还有：有些人感到在工作中不能胜任；有的人因为觉得不能处理好工作与家庭的关系而有压力；有的人则抱怨同别人的关系紧张，等等。

事实上，我们的恼怒（烦躁）有 80%是自己造成的。遇到这种情况时，请冷静下来！学会承认生活不是时时处处都那么令人满意。因为任何人都不是完美的，事情不一定都会按自己的意识进行。若想改变这一状况，则必须牢记一条黄金规则："不要让小事情牵着鼻子走。要冷静，要学会理解别人。"下面的一些方法，也许会对你有些帮助，不妨试试：

1. 学会感激

如果是因为怨恨而使情绪不稳，请别忘了提醒自己：感激。这样一来，别人会感觉到高兴，我们的自我感觉会更好。

2. 学会倾听

如果是因为别人的意见而使情绪不稳，请别忘记提醒自己：倾听。这样不仅会使自己的生活更加有意思，而且也会令他人更喜欢。

3. 学会赏识

如果是因为看到不顺心的事而使情绪不稳，请别忘记提醒自己：赏识。每天至少对一个人说，你为什么赏识他。不要期望所有的人或事都是完美无缺或滴水不漏。只要找，总是能找到缺点的。这样找缺点，不仅会使自己，也会使别人生气；

4. 学会谦让

如果是因为感到自己的权利受到威胁而情绪不稳，请别忘记提醒自己：谦记。不要顽固地坚持自己的权利，这会花费许多没必要的精力。不要老是纠正别人。

5. 学会承担

如果是因为事情不成功而情绪不稳，请别忘记提醒自己：承担。不要让别人为自己的不顺心负责，要接受事情不成功的事实——天不会因此而塌下来。

总而言之，不要妄求完美。

如果实在抑制不住生气，这时就要问自己：“一年后还会为目前这件事生气吗？生气的理由是否还那么重要呢？”这样一来，会使自己对许多事情得出正确的看法。

应对别人的愤怒

石油大王洛克菲勒早年时代，曾有一青年闯入他的办公室，直趋他的写字台前，以拳头猛击台面，并大发雷霆地说：“洛克菲勒，我恨你！……”

那个人恣意谩骂了十分钟。办公室里的职员听得清清楚楚，料想洛菲勒一定会拾起墨水瓶向那人掷去。但是洛克菲勒没有这么做，他把笔搁下，神情友善平和，静静地注视着怒者，一点儿畏惧也没有，更没一丝不悦之色。相反，那人越火爆，他越善。

那不速之客被弄得莫名其妙。

不久他便平息下来，因为愤怒如果没有反击，是不能持久的，他终于累了，静待洛克菲勒说几句。但洛克菲勒仍不做声。那青年本想与洛克菲勒辩论一番，无奈他仍是一副满不在乎的不倒翁神态。那青年“老怒成羞”，只好又拍了几下桌子，怏怏离去。

洛克菲勒继续埋头工作，像没事似的，始终不再提这事。

有时，不理睬，就是最有效的还击，从某种意义上说，就是一种智慧的力量。

一个人在为人处世中，凡事能保持镇静，不恐惧，已属不易；如果在从容中，又能大度地息事宁人，那更是可贵。

不生气的秘诀

古时候，有一个叫爱地巴的人，他一生气就跑回家去，然后绕自己的房子和土地跑三圈。后来，他的房子越来越大，土地也越来越多，而一生气时，他仍要绕着房子和土地跑三圈，哪怕累得气喘吁吁，汗流浃背。

孙子问：“阿公！你生气时就绕着房子和土地跑，这里面有什么秘密？”

爱地巴对孙子说：“年轻时，一和人吵架、争论、生气时，我就绕着自己的房子和土地跑三圈。我边跑边想——自己的房子这么小，土地这么少，哪有时间和精力去跟别人生气呢？一想到这里，我的气就消了，也就有了更多的时间和精力来工作和学习了。”

孙子又问：“阿公！成了富人后，您为什么还要绕着房子和土地跑呢？”

爱地巴笑着说：“边跑我就边想啊——我房子这么大，土地这么多，又何必和人计较呢？一想到这里我的气也就消了。”

钉子的故事

有一个男孩有着很坏的脾气，于是他的父亲就给了他一袋钉子；并且告诉他，每当他发脾气的时候就钉一根钉子在后院的围篱上。

第一天，这个男孩钉下了 37 根钉子。慢慢地每天钉下的数量减少了。他发现控制自己的脾气要比钉下那些钉子来得容易些。

终于有一天这个男孩再也不会失去耐性乱发脾气，他告诉他的父亲这件事，父亲告诉他，现在开始每当他能控制自己的脾气的时候，就拔出一根钉子。

一天天过去了，最后男孩告诉他的父亲，他终于把所有钉子都拔出来了。

父亲握着他的手来到后院说：“你做得很好，我的好孩子。但是看看那些围篱上的洞，这些围篱将永远不能回复成从前。你生气的时候说的话将像这些钉子一样留下疤痕。如果你拿刀子捅别人一刀，不管你说了多少次对不起，那个伤口将永远存在。话语的伤痛就像真实的伤痛一样令人无法承受。”

人与人之间常常因为一些彼此无法释怀的坚持，而造成永远的伤害。如果我们都能从自己做起，开始宽容地看待他人，相信你（你）一定能收到许多意想不到的结果……帮别人开启一扇窗，也就是让自己看到更完整的天空……

别让焦虑成为幸福终结者

为什么你白天要面对强大的外界压力，夜晚还要倍受失眠的折磨？为什么同样是生活动荡，别人泰然处之，而你却整天长吁短叹，埋怨命运的不公？是你天生就个性忧郁，还是后天的经历把你折磨成这副模样？

莲小姐今天真可谓“诸事不顺”：上班路上认错了人，尴尬得要命；在办公室里一不留神，把要复印的资料塞进了碎纸机；更不可思议的是，在这个城市已生活了 12 年，搭乘公共汽车居然坐反了方向，车过了 3 站才恍然大悟！她实在是压力太大了，脑子里的那根弦一直紧紧绷着，一会儿是工作，一会儿是家庭，这样那样的事混在一起，难怪她心神不宁了。

其实，让莲小姐忐忑不安的“肇事者”就是现代都市人常遇到的“焦虑情绪”。

焦虑情绪不像你口渴了一样，喝点儿水马上就能解决问题。它说不定哪天就会降临到你头上，让你不知不觉落入它的怀抱，难以自拔。它像空气一样包围着你，使你无从觉察，甚至让你习以为常；它像寄生虫，不停地吞噬你健康的心态和快乐的灵魂，它用沉重、悲观、犹豫、抑郁、恐惧和怀疑来侵蚀你，过滤掉你生活中所有的温馨时刻，把一切快乐从你身边剥离。

焦虑，它是你幸福生活的魔鬼终结者。

什么是焦虑情绪

我们每个人都知道什么是焦虑：在你面临一次重要的考试以前，在你第一次和某一位重要人物会面之前，在你的老板大发脾气的时候，在你知道孩子得了某种疾病的时候，你可能都会感到焦虑不安。焦虑并不是坏事，适当的焦虑，对个体的生存保持警觉性，激发人的积极性，对促进个人和社会的进步都有好处。焦虑往往能够促使你故其力量，去应付即将发生的危机。

但是如果你有太多的焦虑，以至于达到焦虑症，这种情绪就会起到相反的作用——它会妨碍你去应付、处理面前的危机，甚至妨碍你的日常生活。

一辆汽车向你疾驰而来，你担心汽车会撞上自己，担心自己有生命危险，你紧张、害怕；看到别人工作上成绩出色，你担心他会超过自己，还怕自己失去老板的赏识。

简单地说，焦虑是一切负面情绪汇合所产生的恐惧情绪。

这就是焦虑。

心理学家说，焦虑是因为对威胁性事件或情况的预料而产生的一种高度忧虑不安的状态，精神过敏，高度紧张，严重者能达到生理和心理功能障碍的程度。

剥开焦虑情绪的“洋葱皮”

焦虑情绪和洋葱头的皮一样，是有不同层次的。同时，它们还有一个共同点，就像是不论哪一层洋葱皮都可以让你泪流满面一样，不论是哪种程度的焦虑，都会对你的幸福造成影响，让你很不爽。

焦虑心情：焦虑可视为没有明确对象和具体内容的恐怖。病人整天惶恐不安，提心吊胆，总感到似乎大难就要临头或危险迫在眉睫，但病人也知道实际上并不存在什么危险或威胁，却不知道为什么如此不安。

客观表现有两种，其一是运动性不安：病人闭眼向前平伸双臂可见手指对称性轻微震颤；肌肉紧张使病人感到头紧头胀，后颈部发僵不适甚至疼痛，四肢和腰背酸疼也常见；严重者坐立不安，不时做些小动作，如搔首搓手等，甚至来回走动，一刻也不能静坐。另一种客观表现是植物功能紊乱，尤其是交感功能亢进的各种症状，如：口干，颜面一阵阵发红发白，出汗，心悸，呼吸迫促，窒息感，胸部发闷，食欲不振，便秘或腹泄，腹胀，尿急尿频，易昏倒等。

通常要有以上两方面的症状才能确定为焦虑症。只有焦虑心情而没有任何客观症状很可能是人格特性或常人在一定处境下出现的反应（处境性或期待性焦虑）。

一般而言，焦虑可分为三大类：

其一，现实性或客观性焦虑。如爷爷渴望心爱的孙子考上大学，孙子目前正在加紧复习功课，在考试前爷爷显得非常焦急和烦躁。

其二，神经过敏性焦虑。即不仅对特殊的事物或情境发生焦虑性反应，而且对任何情况都可能发生焦虑反应。它是由心理——社会因素诱发的忧心忡忡、挫折感、失败感和自尊心的严重损伤而引起的。

其三，道德性焦虑。即由于违背社会道德标准，在社会要求和自我表现发生冲突时，引起的内疚感所产生的情绪反应。有的老年人怕自己的行为不符合自我理想的标准而受到良心的谴责。如自己本来是被周围人认为是一个德高望重的人，但在电车上看到歹徒围攻售票员时，由于自己势单力薄，害怕受到伤害而故意视而不见，回来后，感到自己做了不光彩的事，深感内疚，继而坐立不安，不断自责。

有三种焦虑发作形式：

（1）濒死感：发作时胸闷，气不够用，心中难受，有快断气之恐惧，有人会在急诊室大呼：“医生，快拿氧气来！”但决不会因此死人。

（2）惊恐发作：莫明其妙地出现恐惧感，如怕黑暗、怕带毛的动物、怕锋利的刀剪、怕床下有小偷……甚至素来胆大的人也会有恐惧，但指不出害怕的对象。

（3）精神崩溃感：此时心乱如麻，六神无主，有精神失控感，担心自己会“疯”而恐惧焦虑，但这决不会是精神病发作。以上三种发作形式均短暂，只历时数小时，焦虑缓解后，一切如常，风平浪静。

焦虑的成因

人们为什么面临如此众多的焦虑，包括自然界、社会、人的心理及认识活动，以及人格特征等方面的：

（1）在工作、生活健康方面均追求完美化。稍不如意，就十分遗憾，心烦意乱，长吁短叹，老担心出问题，惶惶不可终日。须知，世间只有相对完美，决无绝对完美，世界及个体就是在不断纠正不足，追求真善美中前进。应该“知足常乐”“随遇而安”，决不作追名逐利的奴隶，为自己设置精神枷锁过得太累，把生命之弦拉得太紧。

（2）没有迎接人生苦难的思想准备，总希望一帆风顺，平安一世。其实不然，正如宇宙的自然规律一样，人生自始至终，都充满了矛盾，绝无世外桃源。人一降临人间，就会面临生老病死，苦的磨难。没有迎接苦难思想准备的人，当一遇矛盾，就会惊惶失措，怨天尤人，大有活不下去之感。“看破红尘”的出世超人。这些人都是不深知矛盾和善于适应困境的人。

（3）意外的天灾人祸。会引起紧张、焦虑，随着人的失落感，或绝望感、甚至认为一切都完了，等待破产、毁灭或死亡。假如碰到意外不幸时，建议你正视现实，不低头，不信邪，昂起头，挣扎着前进，灾难是会有尽头的，忍耐下去，一定会走出暂时的困境。有时往往会“山穷水尽疑无路，柳暗花明又一村”，出现“绝处逢生”的局面。有时乍看起来是件祸事，他且说不定又是一件好事。人生就是这样包含着“祸兮福所依，福兮祸所伏”，好与坏，幸福与不幸的辩证关系。

（4）神经质人格：这类人的心理素质不佳，对任何刺激均敏感，一触即发，对刺激做出不相应的过强反应。承受挫折的能力太低，自我防御本能过强。甚至无病呻吟，杞人忧天，他们眼中的世界，无处不是陷阱，无处不充满危险。整日提心吊胆，脸红筋胀、疑神疑鬼，如此心态，怎么不焦虑。

不要让小忧虑“长大”

曾经听过这么一则故事：美国科罗拉多州有一棵树在当地很有名，因为这棵树长得很高、很壮，又有三百年的历史，所以当地原住民都视它为最佳守护神。

这棵树陪着当地人历经了无数次的大灾难，包括地震、闪电及暴风雨。虽然每逢大灾难，人类死伤无数，但是这棵巨树都安然地度过了考验。最近却传出了老树已死的传闻，终结老树的不是狂风暴雨或天然灾难，而只是小小的白蚁。因为老树的根基被白蚁蛀蚀，所以现在的老树只是空架子，再也冒不出新芽来了。

没错，人生最可怕的并不是什么大灾难，反倒是一些日积月累的小麻烦。如果当初当地的居民早一点儿发现白蚁的话或许只要花几瓶杀虫剂的钱，就可以挽救这大树的生命。但是就因为发现得太晚了。

同样的，人生也是如此。有小烦恼时没有觉察，或是不想去解决它，那么这个小忧虑很可能会演变成大忧虑，让你身心俱疲，甚至还可能会赔上美好的家庭、事业。所以谈到克服忧虑，很重要的一点就是要做到：开始忧虑时，立刻采取行动去面对并解决这个问题。

举个例子来说明一下这样做的益处。一个人对搭飞机有很大的恐惧感，这种恐惧一直持续了很久才得到改善。他说，如果他能早一点儿将问题拿出来和他人分享，也许就会早一点儿发现，原来和他一样害怕搭飞机的人竟然有这么多！透过和他们分享搭飞机的恐惧经验，还可以一起讨论出许多化解恐惧的方法，提早这样做的话，也许就不用多恐惧那么多年了。

所以说，要化解心中的忧虑，就是一有忧虑马上采取行动找人谈谈。这么做不但可以找到抒发的管道，更有可能在讨论中发现解决问题的好方法。如果我们能实时歼灭我们心中的小白蚁，才能真正享受工作、享受生活。

要化解心中的忧虑，就是一有忧虑就要找到化解他的办法，来立刻歼灭心中的小白蚁。

向焦虑挥手

（1）要有一个良好的心态。首先要乐天知命，知足常乐。古人云：“事能知足心常惬。”老年对自己的一生所走过的道路要有满足感，对退休后的生活要有适应感。不要老是追悔过去，埋怨自己当初这也不该，那也不该。理智的老年人不注意过去留下的脚印，要注重开拓现实的道路。其次是要保持心理稳定，不可大喜大悲。“笑一笑十年少，愁一愁白了头”，“君子坦荡荡，小人常戚戚”，要心宽，凡事想得开，要使自己的主观思想不断适应客观发展的现实。不要企图让客观事物纳入自己的主观思维轨道，那不但是不可能的，而且极易诱发焦虑、抑郁、怨恨、悲伤、愤怒等消极情绪。其三是要注意“制怒”，不要轻易发脾气。

（2）自我疏导。轻微焦虑的消除，主要是依靠个人，当出现焦虑时，首先要意识到自己这是焦虑心理，要正视它，不要用自认为合理的其他理由来掩饰它的存在。其次要树立起消除焦虑心理的信心，充分调动主观能动性，运用注意力转移的原理，及时消除焦虑。当你的注意力转移到新的事物上去时，心理上产生的新的体验有可能驱逐和取代焦虑心理，这是一种人们常用的方法。

（3）自我放松。如果当你感到焦虑不安时，可以运用自我意识放松的方法来进行调节，具体来说，就是有意识地在行为上表现得快活、轻松和自信。比如说，可以端坐不动，闭上双眼，然后开始向自己下达指令“头部放松，颈部放松”，直至四肢、手指、脚趾放松。运用意识的力量使自己全身放松，处在一个松和静的状态中，随着周身的放松，焦虑心理可以慢慢得到平缓。另外还可以运用视觉放松法来消除焦虑，如闭上双眼，在脑海中创造一个优美恬静的环境，想象在大海岸边，波涛阵阵，鱼儿不断跃出水面，海鸥在天空飞翔，你光着脚丫，走在凉丝丝的海滩上，海风轻轻地拂着你的面颊……

（4）药物治疗。如果焦虑过于严重时，还可以遵照医嘱，选服一些抗焦虑的药物，如利眠宁、多虑平等，但最主要的还是要靠心理调节。也可以通过心理咨询来寻求他人的开导，以尽快恢复。如果患了比较严重的焦虑症，则应向心理学专家或有关医生进行咨询，弄清病因、病理机制，然后通过心理治疗，逐渐消除引起焦虑的内心矛盾和可能有关的因素，解除对焦虑发作所产生的恐惧心理和精神负担。

“忧虑不在有无，而在于忧虑是否合理”；如果“所忧在道”，那就可预测吉凶祸福，从而减少使人犯错的机会。这个观点，也是现代心理学所主张的。人不能无焦虑，但焦虑需要适中，过之与不及都会产生病态心理。合理的焦虑，可促使人提高警觉，努力去解决问题。

摆脱孤独这张无形的魔网

咽的苦酒，但不管怎样，人人都需时时品尝它。孤独并不单纯是指独自生活，也并非意味着独来独往。一个人独处，并不一定会感到孤独；而置身于大庭广众之下，未必就没有孤独感的产生。事实上，只要你对周围的一切缺乏了解，只要你和身外的世界无法沟通，你就会体验到孤独的滋味。

孤独像张无形的魔网，使年轻的不甘寂寞的心灵倍受煎熬。孤独是快乐心情的敌人，你不战胜它，就会被它征服，陷入痛苦之中而不可自拔。所以，我们要战胜孤独

现代人的通病

《圣经》中说："人不应该孤独。"可是现代社会中的人们，有多少人没有感受过独?

孤独，这是一个灰色的字眼，好像人人都不愿意沾惹它。然而孤独又是那样的普遍。在现实生活中，任何人或多或少都会有感到孤独的时候。而对有些人来讲，孤独好像如影相随，挥之不去。孤独与孤单不同。独自一人在山林中、旷野中时的体验，准确的称呼应叫作孤单。孤独是只有在社会生活中才能体会到的一种东西。换言之，只有在日常生活中，在工作学习中才能感受到孤独。孤独降低了人的生活质量，因为当人们说一个人"很孤独"的时候，也就是说他是"不幸"的。

孤独的成因

孤独感往往在由于客观条件造成人际交流阻碍的情况下产生。一位在宇宙飞船上工作过很长时间的宇航员曾说过，与孤独相比，太空舱生活的种种困难和不便简直算不了什么。可见，每一个经历天空生活的人都必须面临孤

独的考验。

孤独产生的原因多而复杂，比如事业上的挫折，缺乏与异性的交往，失去父母的挚爱，夫妻感情不和，周围没有朋友等。此外，孤独的产生，也与人的性格有关。比如有的人情绪易变，常常大起大落，容易得罪别人，因而使自己陷入一种孤独的状态；还有的人善于算计，凡事总爱斤斤计较，考虑个人的得失太重，因此造成了人际交往的障碍。

但是，孤独并非只在形单影只时出现，在大都市熙熙攘攘的人群中，在迎来送往的热闹中，孤独仍然存在。一般说来，大致有以下几种情况可使人陷入孤独：

（1）由于有与别人不同的价值观。例如，有的人由于追求道德上的完美，对自己和别人有很高的要求，感到人和人之间的交往掺杂了太多利益方面的关系，甚至觉得世上人欲横流，因而变得愤世嫉俗、洁身自好。他们对趋炎附势、溜须拍马之辈深恶痛绝，深感人情冷漠、流俗卑污，因此远离是非之地、名利之场，生活中尽量与他人保持一定的距离。当屈原感叹“世人皆浊，唯我独清”的时候，他一定体会到了一种强烈的孤独感。

（2）由于性格特点。一些人由于自卑，与别人在一起的时候感到很不自在，担心受到别人的挖苦、嘲笑，于是就把自己封闭起来，尽量减少与别人的交往。这样做虽然维护了自己脆弱的自尊，保全了“面子”，代价却是使自己陷入了孤独的境地。还有一些人由于过分自傲而成为孤独的人。

当然，人应当自信、自尊，可是如果自信变成自夸，甚至是贬低别人、抬高自己，则埋下落得孤家寡人的祸根。生活中不乏这样的人，他们或许小有才气，因而自视甚高，什么事都不在话下，什么人都不放在眼里，整日夸夸其谈，对别人评头论足，这样时间一久难免令人生厌，大家就不愿意与这样的人交往了。

孤独还是对环境的刻意拒绝。

一般来说，孤独是一种人们不愿接受的状态，它给人们带来的是种种消极的体验，如沮丧、失助、抑郁、烦躁、自卑、绝望等，因此孤独对人体健康有很大的危害。据统计，身体健康但精神孤独的人在十年之中的死亡数量要比那些身体健康而合群的人死亡数多一倍。人的精神孤独所引起的死亡率与吸烟、肥胖症、高血压引起的死亡率一样高。但是这不表明孤独一定会有不良情绪，不良情绪出自孤独感。

社会心理学家认为孤独有以下三个特点：首先，它是由社会关系缺陷造成的；其次，它是不愉快的、苦恼的；最后，它是一种主观感觉而不是一种客观状态。

拥有孤独的美

如果一个人要想事业成功，要想有所建树，那就必须心甘情愿地走孤独之路。古今中外，好些不朽的名著，划时代的发明，往往在孤独中产生。成功者总是在孤独中怀着满腔的热情和乐观主义精神，忘我地为了事业而燃烧自己的生命。

孤独是一种宁静，孤独的星空有智慧的闪光。你的思想在升华，你的灵魂在洗涤。

拥有孤独，能够充实自我，完善自我，使我们日臻成熟。等到尝过了最苦最甜的滋味时，心中便得到一种难得的超越。

拥有孤独，心绪就有会因喧嚣的尘世而产生的焦灼和浮躁。孤独是人生中不可缺少的调味品，如果缺少孤独，那么，人生就不是完美的人生。

拥有孤独，寻找真实的自我。让人格升华，让情感净化，让心田润泽！

拥有孤独是一种感受，善待孤独是一种境界。让我们在孤独中思考得失，咀嚼成败，展望未来！

勤奋踏平坎坷路，孤独造就凌云志。孤独孕育希望，孤独孕育伟大，孤独孕育成功！

淡泊明志，宁静致远。

超越孤独

要超越孤独必须正确地评价自我。人的自我评价与孤独状态是互为因果关系的，自我评价低的人不敢进行正常的社交活动，他们怕遭到拒绝，从而陷入了孤独。而孤独反过来又导致了更低的自我评价，因为在一个重视社会交往的现代社会里，自认为缺乏这种能力的人往往会贬低自己。所以，孤独者应对自己进行一番冷静、客观、合理的估计，特别要留意发现自身的一些长处，以增强自己的自信。心理学家发现，孤独者的一些行为，常常使他们处于一种不讨人喜欢的地位。比如他们很少注意谈话的对方。在谈话中只注意自己，同对方谈得很少，常常突然改变话题，不善于及时填补谈话的间隙。但当这些孤独者受到一定的社交训练，如学会如何注意与对方谈话后，他们的孤独感就会大为减少。

要超越孤独，就要多想想别人，多为别人做点什么。要多想一想，你能够给别人什么帮助，你能为别人做些什么，这样才能打破你所处的尴尬局面。什么时候都不要忘记：温暖别人的火，也会温暖你自己。

要超越孤独，就要学会享受自然，走入社会。一些习惯了孤独的人，懂得充分地享受孤独提供给他的闲暇时光。生活中有许许多多充满了乐趣的活动，而孤独能使你充分领略到它们的美妙之处。

要想彻底地超越孤独，就要确立起正确的人生目标。现在人的心灵仿佛越来越脆弱了，动不动就害怕被别人排斥，害怕与别人不一样，害怕在不幸的时候孤立无援，害怕自己的想法得不到别人的理解……

总之，这是一种内心的恐慌。要想从根本上克服内心的脆弱，最好给自己确立一些目标和培养某种爱好。一个懂得自己活着是为了什么的人，是不会感到寂寞的；同样，一个活着有所追求、有所爱的人，也是不怕孤独的。

驱除你心中的恐惧情绪

使你敞开胸怀拥抱信心的一项重要工作，就是要驱除你心中的恐惧情绪，根据恐惧的对象不同，可以分为三类：

（1）处境恐惧：对街道、广场、公共场所、高处或密室等处境恐惧，因不敢出门而回避这些场所。

（2）社交恐惧：对需要与人交往的处境感到恐怖而力求避免，如与人交谈等。

（3）单纯恐惧：如对针、剪、刀、笔尖等物体发生恐怖时称锐器恐怖；对猫、狗、鼠、蛇等动物发生恐怖称动物恐怖。

四、疾病恐惧：神经过敏、草木皆兵。他们怕得肿瘤，怕得肝炎，怕得艾滋病……有一个年轻的女护士，因哥哥患肝炎去世而惧怕肝炎到了惶惶不可终日的程度。她手不敢碰墙，见到痰盂、墩布等绕开走；怕邻居来串门，邻居走后，要用消毒液擦洗人家坐过、碰过的地方。

生活中总有这样的一些人，他们会说：

“我逃课，因为在同学面前我觉得很不自在。”“我宁可一个人待在家里，一想到要和别人打交道，我就觉得很紧张。”“我不知道别人是怎么看我的，他们可能都在嘲笑我、讨厌我。”

“我早在读高中的时候，就害怕别人看我写字，一看我就非常紧张，手就抖个不停，并伴有轻度的头痛，字越写越大，极不规整，慢慢在人前既不敢举笔，同时还表情不自然，除身体的僵硬感外，连思维都不灵活了。”

“我的性格比较孤僻，而且越大越怕接触人，原因是我从小肠胃不好，总是放屁，人们叫我“屁精”。等到我长大后，这毛病虽然没有了，但我的臭味也离不开身了，一个人待着闻不出来，和同学在一起，臭味就特别大，因为我从别人的眼光以及捂鼻子或紧鼻子或是突然从我身边离开的动作中可以察觉到，所以我想与其人家讨厌我，不如我知趣点儿，每当遇到熟人走来，我便远远地躲开。“

“我特别怕别人的眼睛与我对视，每当这时我就羞得要命，不仅面红耳赤，连手心都汗淋淋的，必须马上躲开，否则双腿就抖个不停，连迈步都艰难。开始只是对男性，现在对女的也是如此，为此我常躲开视线，可是又情不自禁地用眼睛的余光扫视对方，给对方以很不体面的感觉，说我这人很‘不正经’。我自己也特别恨我这双眼睛，有时甚至都想把它挖掉。”

“也许我从上学开始就习惯了小教室，到了大学每当有大教室的课时，我都早早去占座，在别人还没进教室之前坐定，如果去晚了，或是因特殊情况迟到了，在进入教室或穿过走道时，心里就打起鼓来，完全像做贼似的蹑手蹑脚，紧张，出汗，脸也白了，举步维艰地坐到位置上，全身发抖。由于我的抖动，不仅影响到邻桌及前后座的同学，有时全教室的人都不安。他们用挪动身体、咳嗽、回头张望来向我‘抗议’。”

“我特别怕到人多的地方去。比如商店、广场、集会或穿越马路，参加宴会，每当这时，我就心惊肉跳，既不敢抬头看人，更不敢与人交谈，我曾问过我母亲这是为什么？母亲说我在幼儿园时，有一次表演节目在台上出了丑，老师说了几句，从此就不愿去幼儿园了，后来在六岁时，母亲带我去逛商场，人多又把我挤丢了，我在人群里大喊大叫找妈妈，吓得尿了裤子……”

“我 20 岁，十分孤僻，不爱说话，和别人交往有低人一等的感觉，几乎每天都在自卑中生活，有时想到轻生。出来打工的目的就是想在社会中锻炼一下自己，可是经过一年的时间一直不能适应，不敢和人说话，见人就害羞、紧张。我特别怕和人一块吃饭，那样我张不开口，连吞咽都感到嗓子噎得慌，我担心我会疯，或者我会出家去。”

“我是个严重的社交恐怖症患者，主要症状是害怕异性，这是由于初中时我有意压抑和过分自闭造成的，如今已十年过去，我的恐怖症状主要表现在目光恐怖上，我害怕异性，因而有意地回避异性，但我越是回避，这眼睛越是鬼使神差地要去看他们，甚至是他们要害的地方。后来如果我的视线里出现与男生相关的比如打火机、烟、鞋或男人专用的衣物等，也会扰乱我的目光，使我心神不宁，如果我身边有男人，哪怕距离很远，我的目光都不自然，只好低下头闭上眼睛去躲闪。但我特别紧张、局促不安，全身别扭，因此我拒绝与人交往，与社会交往，我的生活一直处在半封闭状态中，另外，也因为这个目光问题，人们对我都极尽羞辱之词，让我的人格尊严受到伤害。”

“我从小就害羞，怕见人，人家叫我“假丫头”。据说我父亲小时候也有“假丫头”的绰号，一辈子说不上一箩子话。现在我比他还厉害。20多岁了，也想找个老婆，可是我不敢抬头说话。一天到晚没完没了地抽烟，因为烟可以缓和我的紧张。在相亲时，我不仅满身大汗，且身体像麻绳一样扭着，既怕人家看前面，又怕人家看后面，手脚不知放在哪好，头也点个不停，在场的人以为我犯“羊癫疯”了，那女孩吓得叫喊着跑了出去……”

实际上，这些例子远没有概括社交恐惧症的全貌。

社交恐惧症是一种精神上的疾病，但是为了自己个性上的内向、害羞而苦恼和真正患了社交恐惧症是不一样的，社交恐惧症的患者通常对群体的看法都是很负面的，除了几个亲近的人之外，他们很难和外界沟通，这些人无法主动走出自我的世界，也不愿意加入人群。这些人在人多的地方会觉得不舒服，担心别人注意他们，担心被批评，担心自己格格不入，情况轻微的人还是可以正常的生活，情况严重的话却会造成生活上的障碍，导致无法正常求学或工作。

社交恐惧症已经是在忧郁症和酗酒之后排名第三的心理疾病，而且因为现在人面临的压力愈来愈大，所以罹患的人数有愈来愈多的趋势。

要如何知道自己是否患了社交恐惧症呢？以下三点来做自我检测：

（1）会因为害怕在别人面前觉得害羞或不好意思而不和他人说话或不愿意做某些事情吗？

（2）不愿意成为别人注意的焦点吗？

（3）你害怕别人觉得你愚笨或担心看起来很害羞吗？

如果以上三点中你有其中两点的情形的话，就有可能是患了社交恐惧症；如果这些情形已经让你想躲在家里，不愿意和任何陌生人接触，你可能就需要接受咨询或治疗了。

常见的社交恐怖

1. 赤面恐怖

一般人在众人面前时，经常会由于害羞或不好意思而脸红，但赤面恐怖者却对此过度焦虑，感到在人前脸红是十分羞耻的事，最后由于症状固着下来，则非常畏惧到众人面前。他一直努力掩饰自己的赤面，尽量不被人觉察，并因此十分苦恼。

他惧怕到众人面前，在乘公共汽车时，总感到自己处在众人注视之下，终于连公共车也不敢乘。如有位有赤面恐怖的学生，对上学乘公共汽车感到痛苦，便总是在别人上车完毕，公共车快开时才匆匆上车，以此方法避开人们的注目。因为坐下会与别人正面相对，便干脆站在车门口来隐藏自己的赤面。又如一位学生患者，因赤面恐怖不能乘公共汽车，只好坐出租车或干脆步行。在必须乘公共汽车时，就事先喝上一杯酒，使别人认为他脸红是喝酒所致，以此自我安慰，或拼命奔跑急匆匆上车，解开衣服的纽扣，用什么东西扇着风，让别人相信他脸红是由于奔跑所致，以掩饰赤面。

有一位医生，心患此疾。为了掩饰赤面，便佩带红色领带，还有人为了缩小赤面的面积，而留起了胡须。

有一位著名的雕刻家，在与人谈话时感到赤面，便借故小便暂时离开座位。这一类患者甚至连向别人问路也感到不便，宁肯自己一个人躲在无人处拼命查看地图，就是多花费时间也甘愿如此。

上述症状在正常人看来似乎很可笑，但对患者来说却像落入地狱般痛苦不堪。他们觉得不治好赤面恐怖症状，一切为人处世等都无从谈起。

2. 视线恐怖

别人见面时不能正视对方，自己的视线与对方的视线相遇就感到非常难堪，以至于眼睛不知看哪儿才好。一味注意视线的事情，并急于强迫自己稳定下来，但往往事与愿违，终于不能集中注意力与对方交谈，谈话前言不搭后语，而且往往失去常态。

有的视线恐怖者与许多人同在一个房间时，主诉不能注意自己对面的人，而强迫注意旁边其他人的视线，或认为自己的视线朝向旁边的人而使其感到不快。结果他的精力无法集中于对面的人。有的学生在上课时，总是不能自已地去注意自己旁边的同学，或总感到旁边的同学在注意自己，结果影响了上课，并给自己带来无比的痛苦。

3. 表情恐怖

有人总担心自己的面部表情会引起别人的反感，或被人看不起，对此慌恐不安。表情恐怖多与眼神有关。总认为自己眼神令其他人生畏，或认为自己的眼神毫无光彩等。

有一位有表情恐怖情绪的人，他固执地认为自己的眼睛过大，黑眼球突出，这样子被人瞧不起，又认为自己的表情经常是一副生气的样子，肯定会给别人带来不快。他冥思苦想，竟然使用橡皮膏贴住自己的眼角，认为这样就会使眼睛变小，但眼睛承受极大的拉力，非常痛苦，也很难持久。最后，他下决心动手术，当然没有一个眼科医生会给他做这样的手术。

还有一位，他认为自己总是眼泪汪汪，样子肯定很丑，竟找医生商量是否能切除泪腺。另有一位公务员，他认为自己说话时嘴唇歪斜，给人带来不快，竟因此而考虑辞职。

有的患者认为自己笑时是一副哭丧相，有的患者则认为自己眉毛、鼻子长得像病态的样子等。有个女同学在和别人开玩笑时，听别人说自己的脸长的像一副假面具，从此他对自己面孔倍加注意，不知如何是好，最后甚至不愿见人了。

4. 异性恐怖

主要症状与前几种情况大致相同，只是患者在与异性或者自己领导上级接触时，症状尤其严重，感到极大的压迫感，不知所措，甚至连话也说不出来。

与自己熟识的同性及一般同事交往则不存在多大问题。

5. 口吃恐怖

口吃恐怖可归类于社交恐怖的一种。患者本人独自朗读时，没有什么异常，但到别人面前时，谈话就难以进行，或开始发音障碍或才说到一半儿，就说不下去了，患者对此忧心冲冲，因不能顺利地与人交谈而感到自己是个残缺的人，终于因此而非常苦恼。

人为什么会患社交恐惧症

经专家研究表明，“社交恐惧”这种不正常的心理状态与人在童年时期的某个行为印痕有直接的关系。

例如，有一个人小时候曾经得到一次演讲的机会，他做了精心的准备，希望风光一把。可没想到，他上台时竟把原先背得滚瓜烂熟的演讲词忘得一干二净了，这使他尴尬之极。从那以后，他变得不敢当众讲话了。

有一个男孩，平时很喜欢去同学家里玩，有一天他无意中听到那位同学的母亲在教训孩子：“别让你的那个同学老到家里来玩，烦死人了，下次他再来你赶紧打发他走。”这个男孩悄悄地缩回了已经踏入门坎的一条腿，从此之后，他变得害怕与人接触和交往，更不敢与人交朋友。

快把社交恐惧症赶走

针对成因，对社交恐惧症的治疗方法主要有以下几种：

1. 注意力集中法

在社交场合，不必过度关注自己给别人留下的印象，要知道自己不过是个小人物，不会引起人们的过分关注，正确的做法是学会把注意力放在自己要做的事情上才对。

2. 兜头一问法

当心理过于紧张或焦虑时，不妨兜头一问：“再坏又能坏到哪里去？最终我又能失去些什么？最糟糕的结果又会是怎样？大不了是再回到原起点，有什么了不起！”想通了这些，一切就会变得容易起来了。

3. 钟摆法

为了战胜恐惧，心里不妨这样想："钟摆要摆向这一边，必须先往另一边使劲。我脸红大不了红得像块红布；我心跳有什么了不起，我还想跳得比摇滚乐鼓点还快呢！"结果呢，人们会发现实际情况远没有原先想象得那么严重，于是注意力就被转移到正题上了。

4. 系统脱敏法

如果面对自己爱恋的女孩子，可用循序渐进的方法克服心理障碍。（1）先下决心看她的衣服；（2）看她的脸蛋儿和眼睛；（3）向她笑一笑；（4）当有朋友在身边时主动与她说话；（5）有勇气单独与她接触。这种避免直接碰撞敏感中心的方法使一个原本看来很困难的社交行为变得容易起来，这种方法对轻度社交恐惧症一般有立竿见影的效果。

社交恐惧症自我调节注意事项：

（1）不否定自己，不断地告诫自己"我是最好的饿"，"天生我材必有用"。

（2）不苛求自己，能做到什么地步就做到什么地步，只要尽力了，不成功也没关系。

（3）不回忆不愉快的过去，过去的就让他过去，没有什么比现在更重要的了。

（4）友善地对待别人，助人为快乐之本，在帮助他人时能忘却自己的烦恼，同时也可以证明自己的价值存在。

（5）找个倾诉对象，有烦恼是一定要说出来的，找个可信赖的人说出自己的烦恼。可能他人无法帮你解决问题，但至少可以让你发泄一下。

（6）每天给自己 10 分钟的思考，不断总结自己才能够不断面对新的问题和挑战。

（7）到人多的地方去，让不断过往的人流在眼前经过，试图给人们以微笑。

不要让空虚消磨你的斗志

你常有种说不出来的低落情绪。

有时是你独自一人逛街时，突然感到这种情绪来犯，让你顿时对五光十色的街景失去了兴致。

有时候是跟一群人在一起，在大家天马行空之际，无端心底就浮起这种不舒服的感觉。每当这种情绪笼罩心头时，你觉得跟周围好像有层无法跨越的隔膜，感到了无生趣又有种沉沉的失落感。

你实在不了解这种情绪到底是什么？我们所经历的各种情绪中，就以“空虚感”最无以名状且捉摸不定。空虚感就像是心里面的黑洞，具有超强莫大的吸力，一旦被卷进了黑洞，整个人也就被空虚感所缚。

而你如何与空虚奋战呢？你甚至不知道该如何使力！这正是空虚让人束手无策的地方。常常是愈想去弄清楚或去克服这种虚无，就愈深陷其中。这就是虚的特质，就算耗尽力气对抗，终究徒劳无功。

在很多人的印象里，它往往与“寂寞”“孤独”等词是通用的，但实际上它们之间是有所不同的。其中很重要的一点就是“寂寞”“孤独”对于人并不总是消极的，有时甚至标志着一个人独具个性。而“空虚”却只能消磨人的斗志，侵蚀人的灵魂，使人的生命毫无价值。

空虚是什么

空虚是一种内心体验，我们就说他是个心灵空虚的人，但实际上，真正空虚的感觉往往只能意会，无法言传，只有空虚者自己才能真切地体验到，他人是难以深入体验的。所以，这使得感觉空虚的人不太容易实现与他人的交流和沟通，如果自己再不积极努力的话，只会越来越紧地被空虚所包围。

在空虚的时候，无论外面的世界怎么的花花绿绿，总是看不到，因为此时在心里已经有了一堵高墙。

空虚是一种消极的情绪，是一种危害健康的心理上的疾病，是指一个人没有追求，没有寄托，没有精神支柱，精神世界一片空白。空虚的心理，可来自对自我缺乏正确的认识，对自己能力过低的估计，终至整天忧郁，思想空虚；或是因自身能力和实际处境不同步，陷入“志大才疏“或“虎落平川”的窘境中，常常感到无奈、沮丧、空虚；或是对社会现实和人生价值存在错误的认识，以偏概全地评价某一社会现象或事物，当社会责任与个人利益发生冲突时，过分地讲求个人的得失，一旦个人要求得不到满足，就心怀不满，“万念俱灰”或是因退休、下岗、失恋、工作挫折、投资失误、经济拮据等导致失落困惑感使然。

空虚，有理由吗？

时常听人说：“唉，无聊啊。”“这段时间该怎样打发？”……在现在的社会，不乏一群沉醉于靡靡之音、幻游于网上的“空虚青年”。

这是可笑而又现实的问题，许多人寻找快乐，殊不知，积极的行动产生积极的心态，快乐是自己创造的，不会天上掉馅饼的。

其实，目标、计划、行动足以使一个人永久快乐脱离空虚。

雨果说：“生活好比旅行，理想是旅行的路线，失去了路线，只有停止前进。”

世界上最大的痛莫过于没有理想。一个连自己要到哪儿都不知道的人又如何会有走路的力气？每个人都应该有自己的方向和追求，就像伊斯兰教徒有自己的真主一样。人只有有了明确的目标，才不会极度空虚倍感煎熬地度日。

所以，写下目标，它是茫茫人生之海上导航的灯塔。池田大作曾说：“幸福决不是别人赐予的，而是一点一滴在自己生命之中筑造起来的。人生既有狂风暴雨，也有漫天大雪。只要在你心里的天空中，经常有一轮希望的太阳，幸福之光就会永远照耀。”拥有自己的太阳吧，它的热力给人以希冀，给人以生活的勇气和在波涛汹涌的大海上搏击的信心与热情。

每天清晨，你睁开双眼，端详着自己的理想，轻声地说：“今天真好，在今天，我每一方面都会越来越好。”这样，空虚怎么会打扰你呢？它只能飘荡于虚幻的天空，去拜访另一个整天做白日梦的家伙。

有目标，很好。不过，没有计划与行动，目标也只是脑中的一种唯美。你总是远远地欣赏它，最终还是逃脱不了落入沮丧的巢穴。一个看到了金苹果树的人，要想：“我想得到一只金苹果，我该做些什么，走过去，爬上树，伸出手……”同样，盯着目标要想：“我需要做什么？”做出计划，就等于向目标搭出了桥梁。

最后要做的，就是走，这是最关键的。如果你找的路是正确的，你最终会走到目标跟前。这时，它已改名叫“美好的现实”了，它是你的，你也在此过程中体验到了无穷的乐趣。无论过程还是结果都妙不可言。如果你走着走着，发现路错了，可以不断地更改人生的航标，再次勇敢出发。无论如何都比原地忧伤徘徊得好。

确立目标，制定计划，付诸行动，你会发现：“我是如此快乐与充实。”

挥别空虚

要对抗空虚就要看清虚的本质——就是不存在。这时如能转移注意力做些“实质”的活动，如逛街就认真挑选衣物、聚会时就专心与人谈话，都可有效驱走空虚感。

至于常感到空虚的人，很可能是活得不踏实。有些人在生活中怀有不切实际的期望或目标，自己总是在生活中追寻些什么，而没有落实到生活本身，如此不免常虚幻不实。要挥别空虚感就要建立“务实不务虚”的生活态度。

要知道，人生在世是艰难的，是不容易的，不会总是有顺境的。生活在五光十色的大千世界中，不会总是一帆风顺，难免会碰到不顺心不如意的事情，遇到形形色色真真假假的问题，也就必然会有喜有忧有得有失。

人，要有点精神，要有所追求，要有精神支柱，要有一种献身精神。“外面的世界很精彩，外面的世界很无奈”，这就要求人们要面对现实，面对生活，“不以物喜，不以己悲”，无论在什么地方，做什么事情，遇到什么问题，都应该沉着冷静，保持良好的心理，实事求是地应对一切。

人老了，退休了，还可奉献余热；下岗了，再求职，作为人生拼搏的第二起点；工作受到挫折，投资失败了，要吸取教训，总结经验，审时度势，东山再起，将其视为成功的“奠基石”。总之，不要灰心，不要气馁，充实自我，战胜空虚，就一定能迎来精神和事业上的光明。

有人说，一个人的躯体好比一辆汽车，你自己便是这辆汽车的驾驶员，如果你整天无所事事，空虚无聊，没有理想，没有追求，那么，你就会根本不知道驾驶的方向，就不知道这辆车要驶向何方，这辆车也就必定会出故障，会熄火的，这将是一件可悲的事情。所以，对待心灵空虚必须进行心理治疗，以确定形式的方向：

1. 面对空虚，要调整目标

俗话说“治病先治本”。因为空虚的产生主要源于对理想、信仰及追求的迷失，所以树立崇高的理想、建立明确的人生目标就成为消除空虚的最有力的武器。当然，这个过程并不是一蹴而就的，但当你坚定地向着自己的人生目标努力前进时，空虚就会悄悄地离你而去。

2. 热爱生活

我们常说，生活是美好的，就看你以怎样的态度去对待它。一样的蓝天白云，一样的高山大海，你可以积极地去从中感受到大自然的美丽；或者认认真真地学点本领，帮他人做点好事，也能对自己的成功颇感得意，从他人的感谢中得到欢愉。当你用有意义的事去培养你对生活的热情，去填补你生活中的空白时，你哪还有心情和闲暇去空虚呢?

3. 提高自己的心理素质

有时候，人们生活在同一环境中，但由于心理素质不同，有人遇到一点挫折便偃旗息鼓而轻易为空虚所困扰，有人却能面对困难毫不畏缩而始终愉快充实。因此，有意识地加强自我心理素质的训练，就能够将空虚及时地消灭在萌芽状态而不给它以进一步侵袭的机会。

4. 忘我地工作

劳动是摆脱空虚极好的措施。当一个人集中精力、全身心投入工作时，就会忘却空虚带来的痛苦与烦恼，并从工作中看到自身的社会价值，使人生充满希望。

5. 目标转移

当某一种目标受到阻碍难以实现时，不妨进行目标转移，比如从学习或工作以外培养自己的业余爱好（绘画、书法、打球等），使心情平静下来。当一个人有了新的乐趣之后，就会产生新的追求；有了新的追求就会逐渐完成生活内容的调整，并从空虚状态中解脱出来，迎接丰富多彩的新生活。

当你和空虚顽强斗争的时候，请记住普希金的这句诗：“生活不会使我厌倦。”

嫉妒会减少快乐的细胞

莎士比亚说："您要留心嫉妒啊，那是一个绿眼的妖魔！谁做了它的牺牲，就要受它的玩弄。"

有一个人，非常嫉妒他的邻居，他的邻居越是高兴，他越是不高兴；他邻居的生活过得越好，他越是不痛快；每天都盼望他的邻居倒霉，或盼望邻居家着火，或盼望邻居得什么不治之症，或盼望下雨天雷能窜进邻居家，劈死一两个人，或盼望邻居的儿子夭折……然而每当他看到邻居时，邻居总是活得好好的，并且微笑着和他打招呼，这时他的心理就更加不痛快，恨不得给邻居的院里扔包炸药，把邻居炸死，但又怕偿还人命。就这样，他每天折磨自己，身体日渐消瘦，胸中就像堵了一块石头，吃不下也睡不着。

终于有一天他决定给他的邻居制造点晦气，这天晚上他在花圈店里买了一个花圈，偷偷地给邻居家送去。当他走到邻居家门口时，听到里面有人在哭，此时邻居正好从屋里走出来，看到他送来一个花圈，忙说："这么快就过来了，谢谢！谢谢！"原来邻居的父亲刚刚去世。这人顿觉无趣，"嗯"了两声，便走了出来。

这个故事中的主人就是出于嫉妒，把自己置于一种心灵的地狱之中，折磨自己。但折磨来折磨去，却一无所得。

什么是嫉妒

与他人比较，发现自己在才能、名誉、地位或境遇等方面不如别人而产生的一种由羞愧、愤怒、怨恨等组成的复杂情绪状态。

对待嫉妒，有上、中、下品。上品的心胸开阔，能悦纳大千世界的各种色彩，"世上本无妒，庸人自扰之"；这种人近乎圣人，很少。中品的虽然免不了嫉妒几下，但是能有意识地调节自己的心理状态，克服偏激心理，正视现实，变嫉妒为赶超，实在赶不上也就算了。下品的沉溺在嫉妒的泥潭里，撩蜂吃螫，嗷嗷叫痛；这种自作自受的人并不少见。

嫉妒缘何而来

1. 好嫉妒的人的自大

因为自大，想高人一等。所以就容不下比他强的人。看到周围的人有超过自己之处。要么设法去贬低，要么设置陷阱去坑害对方。

2. 好嫉妒的人的自私

自私的人必然嫉妒。嫉妒和自私犹如孪生兄弟。法国作家拉罗会弗科就曾说过："嫉妒是万恶之源，怀有嫉妒心的人不会有丝毫同情。""嫉妒者爱已胜于爱人。"

因为嫉妒，他不希望别人比自己优越；因为自私，他总是想剥夺别人的优越。好嫉妒的人从来不为别人说好话。嫉妒的人，因为容不下别人的长处，所以他就通过说别人的坏话来寻求一种心理的满足。好嫉妒的人没有朋友，因为他容不下别人的长处，而每个人也都有自己的长处，所以他就把所有的人视作自己的敌人，以冷漠的目光注视别人。

嫉妒是心灵的地狱

嫉妒的人总是拿别人的优点来折磨自己。别人年轻他嫉妒，别人长相好他嫉妒，别人身材高他嫉妒，别人风度潇洒他嫉妒，别人有才学他嫉妒，别人富有他嫉妒，别人的妻子漂亮他嫉妒，别人学历高他嫉妒……德国有一句谚语："好嫉妒的人会因为邻居的身体发福而越发憔悴。"所以，好嫉妒的人总是40岁的脸上就写满50岁的沧桑。

嫉妒害己又害人。从自身来讲，嫉妒伤身，嫉妒使人把时光用在阻碍和限制别人身上，而不是潜心于自我的开发。就他人而言，嫉妒者的流言、恶语、陷害、阻挠、拆台、造谣等，往往对被嫉妒者造成恶劣的后果。在中国古代，庞涓嫉妒孙膑、李斯嫉妒韩非子、潘仁美嫉妒杨令公等，都是以害人开始，以害己结束。

“欲无后悔须律己，各有前程莫妒人。”

希望好嫉妒的人经常诵读此联，不断地反省自己，改善自己的品性。生活中从以下几个方面来改变自己：

1. 胸怀大度，宽厚待人

19 世纪初，肖邦从波兰流亡到巴黎。当时匈牙利钢琴家李斯特已蜚声乐坛，而肖邦还是一个默默无闻的小人物。然而李斯特对肖邦的才华却深为赞赏。怎样才能使肖邦在观众面前赢得声誉呢？李斯特想了妙法：那时候在钢琴演奏时，往往要把剧场的灯熄灭，一片黑暗，以便使观众能够聚精会神地听演奏。李斯特坐在钢琴面前，当灯一灭，就悄悄地让肖邦过来代替自己演奏。观众被美妙的钢琴演奏征服了。演奏完毕，灯亮了。人们既为出现了这位钢琴演奏的新星而高兴，又对李斯特推荐新秀深表钦佩。

2. 少一份虚荣就少一份嫉妒心

虚荣心是一种扭曲了的自尊心。自尊心追求的是真实的荣誉，而虚荣心追求的是虚假的荣誉。对于嫉妒心理来说，它的要面子，不愿意别人超过自己，以贬低别人来抬高自己，正是一种虚荣，一种空虚心理的需要。单纯的虚荣心与嫉妒心理相比，还是比较好克服的。而二者又紧密相连，相依为命。所以克服一份虚荣心就少一分嫉妒。

3. 快乐之药可以治疗嫉妒

快乐之药可以治疗嫉妒，是说要善于从生活中寻找快乐，就正像嫉妒者随时随处为自己寻找痛苦一样。如果一个人总是想：“比起别人可能得到的欢乐来，我的那一点儿快乐算得了什么呢？”那么他就会永远陷于痛苦之中，陷于嫉妒之中。快乐是一种情绪心理，嫉妒也是一种情绪心理。何种情绪心理占据主导地位，主要靠人来调整。

4. 对别人的成绩和进步有一个正确的评价和态度

如果对别人取得的成绩有了正确的认识，看到其中蕴含着辛勤，你就会觉得来之不易，自己完全可以从中得到鼓舞和教益。对于别人的成绩，一种态度是消极嫉妒、贬低、打击，从而抬高自己；一种是无视事实，抱无所谓的态度，故步自封；一种是奋起直追，“你行我更行”，努力学习、工作。显然第三种态度才是正确的、有益的。这种自强不息的作法，不仅能熄灭妒嫉之火，而且会燃起奋进之火，通过努力缩小距离，从而达到新的平衡。

5. 不要用放大镜看自己

如果只看自己的优点，而且看得过重，就接受不了别人挑战的事实，更不能容忍别人超前的现实。在任何时候，把自己看得淡薄些，心境也许会好些。把自己当成金子，常有被埋没的痛苦，而把自己当成铺路石，就有铺在路面上的欢乐。

6. 充实自己的生活

英国哲学家培根说过：“嫉妒是一种四处游离的性欲，能享有它的只能是闲人。如果我们工作学习的节奏很紧张，生活过得很有意义，就不会花很大功夫泡在嫉妒里。嫉妒别人，不会增加自己生活快乐的细胞。”

淡化你身边的妒嫉

引发妒嫉的条件主要有四种：

（1）各方面条件与自己相同或不如自己的人居于优势。

（2）自己所厌恶而轻视的人居于优势。

（3）与自己同性别的人居于优势。

（4）比自己更高明的人居于优势。

由于“妒嫉心是在本人还未觉察时通过迅速无比的心理检查而产生的”，所以，这四个条件中任何一个若与下列否定条件重复，妒嫉将不再产生：

（1）本人无意加以比较，或看破了情势，认为自己无法达到那么一个高度，或二者生活在不同层次的世界。

（2）妒嫉的对象不在自己身边。

（3）通过艰苦努力得到的结果。

根据产生妒嫉心理的这些基本条件和否定条件，我们完全有可能找到一些淡化妒嫉的有效办法。记住，淡化妒嫉也就淡化你突出的优势——你不比别人强，别人妒嫉你什么？虽然明摆着比别人强，但还要从感情上和大家走在一起，认为自己不比别人强，这一下子，别人反倒不再妒嫉你，也会认为你是靠自己的努力得来的优势。为自己创造了好的工作环境呀！具体说来，有以下几种方法：

1. 介绍自己的优势时，强调外在因素以冲淡优势

你被派去单独办事，别人去没办成，而你却一下子办妥了。这时，你若开口闭口“我怎么怎么”，只能显出你比别人高一筹，聪明能干，而招致妒嫉。如果你这么说“我能办妥这件事，是因为我卖力肯干”，就容易让人觉得你处于优势是理所当然的，因而会妒嫉你的能干。但你要这么说“我能办妥这件事，一方面是因为前面的同志去过了，打了基础，另一方面多亏了当地群众的大力帮助”，这就将办妥事的功劳归于“我”以外的外在因素“前面的同志和群众”中去了，从而使人产生“还没忘了我的苦劳，我要是有群众的大力帮助也能办妥”这样的藉以自慰的想法，心理上得到了暂时平衡。“我”在无形中便被淡化了优势。

2. 言及自己的优势时，不宜喜形于色，应谦和有礼以淡化优势

人处于优势自是可喜可贺的事。加上别人一提起一奉承，更是容易陶醉而喜形于色，这会无形中加强别人妒嫉。所以，面对别人的赞许恭贺，应谦和有礼、虚心，不仅显示出自己的君子风度，淡化别人对你的妒嫉，而且能博得对你的敬佩。请看下例：

“小张，你毕业一年多就提了业务厂长，真了不起，大有前途呀！祝贺你啊！”在外单位工作的朋友小王十分钦佩地说。“没什么，没什么，老兄你过奖了。主要是我们这儿水土好，领导和同事们抬举我。”小张见同一年大学毕业的小李在办公室里，便压抑着内心的欣喜，谦虚地回答。小李虽然也妒嫉小张的提拔，但见他这么谦虚，也就笑盈盈地主动招呼小张的朋友小王：“来玩了？请坐啊！”

不难想象，小张此时如果说什么“凭我的水平和能力早可以提拔了”之类的话，小李不妒嫉煞了，进而与小张难以相处才怪。

3. 不宜在优势者的同事、朋友面前特意夸奖优势者

显然，谁都希望处于优势而得到他人的夸奖，但事实上总会有悬殊的差别。当同事、朋友各方面条件都差不多，其中有人处于优势，别人若不提及，有时还不觉得。一旦有人提起，其他人听了就不好受。难免不妒火中烧。所以，作为不会对此妒嫉的旁人，一定不要在优势者的同事、朋友等多人面前特意夸奖优势者。否则，不仅会引发和加强其对优势者的妒嫉，还可能同时妒嫉你与优势者的“密切关系”。

某单位宣传部干事小李在较有影响的报刊上发表了几篇理论文章。团委小陈在工会宣传干事小余面前羡慕地夸奖道：“小李子真不错，最近又有一篇文章在某某刊物上发表了！”小余顿时敛住笑容，酸溜溜地说：“有他那么多闲工夫，发两篇文章有什么了不得了？哼！”小陈见状，自知失言，让小余觉得挂不住脸了，不无尴尬地点头笑了笑，走出工会办公室。这里，小陈就是犯了大忌：在可能产生妒嫉的敏感区偏偏又增添了引发妒嫉的“发酵剂”。

4. 突出自身的劣势，故意示弱以淡化优势

如同“中和反应”一样，一个人身上的劣势往往能淡化其优势，给人以“平平常常”的印象。当你处于优势时，注意突出自己的劣势，就会减轻妒嫉者的心理压力，产生一种“哦，他也和我一样无能”的心理平衡感觉，从而淡化乃至免却对你的妒嫉。

比如，你是大学刚毕业的新教师，对最新的教育理论有较深的研究，讲课亦颇受同学欢迎，以致引起一些任教多年却缺乏这方面研究的老教师的强烈妒嫉。这时，你若坦诚地公开、突出自己的劣势：教学经验一点都没有、对学校和学生的情况很不熟悉等等，再辅以“希望老教师们多多指教”的谦虚话，无疑会有效淡化自己的优势，衬出对方的优势，减轻弱化老教师对你的妒嫉。

5. 不宜当众说“我们怎么怎么”，而给人以“厚此薄彼”之嫌

在众人面前谈某一群体中的某人时，你若说“我们很要好”“我俩情同手足”“我和你们单位的某某交情很深”之类的话，对方很容易产生“你厚

他薄我”的冷落感。因为这种复数关系称谓具有明显的排他性。对方会觉得被你称为“我们”中的人员是优势的而滋生妒嫉。

6. 强调获得优势的“艰苦历程”以淡化妒嫉

根据妒嫉心理的否定条件之一：通过艰苦努力所取得的成果很少被人妒嫉这一观点，如果我们处于优势确实是通过自己的艰苦努力得到的，那么不妨将此“艰苦历程”诉诸他人，加以强调以引人同情，减少妒嫉。

比如，在邻居、同事还未买电脑的时候，你却先买了。为了免受“红眼”，你可以这么说：“我买这台电脑可不容易。你们知道我节衣缩食积蓄了多少年吗？整整六年啊！辛苦啊！我们夫妻俩都是低工资，一个钢镚儿一个钢镚儿地攒，连场电影都舍不得看，太难了……”听了这些话，对方就很难产生妒嫉之心。相反，或许还会报以钦佩的赞叹和由衷的同情。

7. 切忌在同性中谈及敏感的事情

（1）女性之间的妒嫉多半因容貌而起。女人爱妒嫉。妒嫉可以说是女人明显特征之一。而女人又往往因为容貌姿色才处于优势。所以，女人对容貌、衣着以及风度气质所带来的爱情生活、夫妻关系等相当敏感，很容易产生妒嫉。比如，一个姑娘因有一张漂亮的脸蛋而被不少小伙子包围着，那些容貌平平的没有人追求的姑娘，自然会对她产生妒嫉。这时，你作为男性，千万不要在女性之间当面夸赞其中某一姑娘：“某某真漂亮！”“某某的穿着打扮真时髦！”“某某的气质太迷人了！”“某某的男朋友我见过，特帅，特有魅力！”这不仅会引起其他女性的妒嫉，而且会对你产生一种莫名的敌意。

（2）男性之间的妒嫉大多因名誉、地位、功业所致。男人对社会活动能力、工作业绩、创造手段等最为关注，也最易导致相互妒嫉。比如，某人升了职而赢得不少漂亮姑娘的追求（无悔暗气：这些女孩子！），某人因才华出众、能说会道而显身扬名等等，都会受到身边其他男人的妒嫉。因此，在男性之间，作为女人的不宜当众评头论足，说什么“某某真能干！”“某某女朋友真标致！”“某某和你一块儿来的吧？现在已经是厂长了！”尤其作为妻子，更不宜有所比较地奚落自己的丈夫：“你看人家小赵，学理科的出身，却发了那么多的小说，稿费一拿就是几万块！亏你还是学中文的！”如此，就是再敦厚的人也会生出对他人的妒嫉之心来，导致家庭、邻里、同事之间关系的僵化和冷漠。

学会淡化别人的妒嫉心理，将有利于促进同事、朋友、邻里及多种范畴内的人们彼此减少敌意和隔阂，使人们成为各行各业的优势者。

不要把小事弄得紧张起来

随着生活节奏的加快，竞争意识的加强，人们普遍有一种紧张感、危机感，心理压力加大，容易出现精神紧张。

我们每个人都生活在一定的社会和家庭环境中，难免要出现这样或那样的矛盾和困扰而精神紧张。例如亲人的故去、恋爱失败、工作上的困难、生活的拮据、疾病的折磨等都会造成一定程度的精神紧张和痛苦，产生一系列的不良情绪反应。

长期处于紧张状态会使心理产生沉重感、压迫感、失落感、抑郁感和不安全感，从而可引起血压和血糖升高，易造成高血压、冠心病等心血管系统疾病；另一方面，长期心理紧张也会使人的植物性神经系统功能失调，降低人的免疫抗病能力，从而引起诸如胃肠溃疡、便秘、腹泻、偏头痛、神经性厌食、神经衰弱等各种疾病。那么在日常生活和工作中，要怎样注意克服这些不良情绪，消除精神紧张呢。

紧张情绪的测试

当今社会的快节奏中，有些人容易患紧张症，患有这种症状的人，主要是平时心身不能适应外界环境。紧张对人体是有害的，因此，必须采取保护性措施，用科学的方法，加强心理保健，以促进心身健康。

有人根据紧张的程度，提出一套自我测查法。请在每题后面的括号内填入“有”或“无”。

（1）平时不知为什么总觉得心慌意乱，坐立不安。（　　）

（2）晚上考虑各种问题，不能安寝，即使睡着，也容易惊醒。（　　）

（3）肠胃功能紊乱，经常腹泻。（　　）

（4）经常做恶梦，惊恐不安，一到晚上就倦怠无力，焦虑烦躁。（　）

（5）遇到不顺心的事情，便会郁郁寡欢，沉默少言。（　）

（6）早晨起床后，就觉得头昏脑胀，浑身无劲，爱静怕动，情绪消沉。（　）

（7）食欲不振，吃东西没有味道，宁可忍受饥饿。（　）

（8）轻微活动后，就出现心跳加快，胸闷气急。（　）

（9）一回到家，就感到许多事情不称心，暗暗烦躁。（　）

（10）想要看到的东西，一时不能看到，就感到心中不舒服，闷闷不乐。（　）

（11）平时只要做一点轻便工作，就容易感到疲劳，周身乏力。（　）

（12）离开家门去学校时候，总觉得精神不佳，有气无力。（　）

（13）在父母兄弟面前，稍有不如意，就要任性发怒，失去理智。（　）

（14）任何一件小事，始终萦回在脑子里，整天思索。（　）

（15）处理问题主观性强，情绪急躁，态度粗暴。（　）

（16）对他人的疾病，非常关心，到处打听，唯恐自己身患同一种病。（　）

（17）对别人的成功和荣誉，常会嫉妒，甚至怀恨在心。（　）

（18）身处拥挤的环境时，容易思维杂乱，行为失序。（　）

（19）听到左邻右舍家中的噪音，感到焦虑发慌，心悸出汗。（　）

（20）明明知道愚蠢的事情，但是非做不可，事后懊悔。（　）

（21）读书看报不能专心一致，往往中心思想也搞不清楚。（　）

（22）星期日整天玩纸牌，消遣度日。（　）

（23）经常和同学或家人发生争吵。（　）

（24）经常感到喉头阻塞，胸部重压，气不够用。（　）

（25）经常追悔往事，有负疚感。（　）

（26）做事讲话，操之过急，言辞激烈。（　）

（27）突然发生意外，失去信心，显得焦虑紧张。（　）

（28）性格倔强、脾气急躁，不易合群。　　（　　）

［答案和说明］

在上述 28 个项目中，如有 10 项相符者为轻度紧张；20 项相符者为中度紧张；28 项皆有者为紧张症。

如果你有紧张症，请试用以下措施加以清除：（1）不管学习如何紧张，可用写字绘图、手工雕刻等方法进行自我调节，松弛紧张状况。（2）积极参加体操、游泳、跑步、球类等体育活动，增强体质。（3）学习之余开展下棋，看电影、电视、戏剧，听音乐、广播，进行旅游等多种形式的文娱活动，以消除疲劳。（4）要养成有规律的生活习惯，适当增加营养，提高自制力。

对于患有中度以上紧张症的人来说，单采取保护性措施是不够的，还必须进行健康检查，或在医生指导下进行心理治疗。

消除精神紧张要诀

我们每个人都生活在一定的社会和家庭环境中，难免要出现这样或那样的矛盾和困扰，例如亲人的故去、恋爱失败、工作上的困难、生活的拮据、疾病的折磨等都会造成一定程度的精神紧张和痛苦，产生一系列的不良情绪反应，例如悲伤、抑郁、恐惧、暴怒等等，这些情绪反应会导致机体的内分泌失调，有损于健康。那么在日常生活和工作中，怎样克服这些不良情绪，消除精神紧张呢?

1. 了解什么是紧张

须知紧张是我们的敌人，但是我们不要惧怕，虽然我们不会像耶稣那样仁慈地教训人：如敌人打你的一边脸儿，你将另一边脸给对方打。但是我们需要了解这个敌人，和怎样跟他相处。

美国精神治疗专家乔治 · 史提芬博士说："紧张是人的生活的一部分，这正和饥饿和口渴一样，然而，紧张过度，则于人体有损无益。明了紧张的好坏处后，便懂得利用紧张的好处，而抑制紧张的坏处了。"

2. 避免自然成习惯

美国蒙得利大学心理学家教授韩斯 · 施义博士忠告说："不要把事情看

得太严重，更不要给小事情弄得紧张起来，否则一旦养成这样的习惯，紧张便越来越厉害。”最好找寻一些新的兴趣，改变日常的生活，这是有助于驱除紧张情绪的。

3. 让体内紧张消散

须知运动是最安全的活动，那些经常运动的人，往往很容易从生活中的紧张复原过来的。乔治·史提芬博士说：“要把内心的愤怒消解，如果感到要把激怒你的人痛殴一顿，这倒不如将满肚子的怒气，和打人的体力，改用于运动，如此，包你怒气全消。”

4. 把忧虑尽量减少

事实上叫人家少忧虑，那是说易行难，然而，人们却往往将精神浪费于无谓的忧虑中。像杞人忧天，事无大小，也忧个饱。

一位医生说：“当发生忧虑时，要问问自己，究竟所忧虑的问题，怎样地影响自己。而那些问题，对你的生活是否重要；第二步骤，是冷静下来，考虑如何应付当前的难题。如果想到善法，即予以解决。”

5. 勿迁怒他人

没有什么事比迁怒他人更会损害自己。这里有几点意见，可使情况和谐一些。对于批评自己的人，需平心静气，别为此而忿，须从别人批评意见中，取其优点及帮助对方发展其长处；如果自己这样对人，别人也这样对自己的；给别人以机会，做竞争上的协助，但最好莫如合作上的协助。

6. 真正的松弛

美国北嘉路琳州公爵大学汉杜历斯博士说：“当你的工作负荷，看来似乎克服过来，但是须留意在稍后时间，紧张常常乘虚而入。这要将精神集中于一项工作上，紧张自然消除。”

一位精神治疗专家提出忠告：“在你的心里找寻‘宁静房间’，这是谁都需要的。”所谓“宁静房间”，就是要尽量设法使自己松弛。

7. 把心事尽量倾诉

美国心理学家柯斯丹历斯说：“如果心里压着未能解决的问题，是专家所能帮助的，那么需立刻去找专家，把难题说出，听其意见。”只要将问题倾诉，心理便逐步消除。

8. 消除忧虑

将忧虑事情堆积起来，只会增加紧张，试试用简单的方式，把内心所忧虑的事情，用笔尽录出来，然后将非急切的抽出来，先解决严重的事，再慢慢在从容不迫中，想法子解决其余的问题。这样，有次序地清理积压的难题，忧虑也随之消逝。

9. 保持幽默感

我们每个人都应活得轻松些，尤其当自己身处逆境时，要学会超脱，所谓“来日方长”，要看到生活好的一面，无忧无虑，自得轻松。

10. 一次只做一件事

在紧张状态下的人，连正常的工作量有时都担当不起。工作量显得是如此繁重，去做其中的任何一部分都是痛苦的——即使非常需要去做的事情亦是如此。最可靠的办法是，先做最迫切的事，把全部精力都投入其中，一次只能做一件，把其余的事暂且搁到一边。一旦你做好了，你会发现事情根本不那么可怕。你做了这些事以后，其余的做起来容易得多了。

11. 独自处理

有些难解决的事，最好“自然开解”，乔治·史提芬博士说：“有时与人们共商，反而不行，私人处理是相当重要的。”大多数的人，都需要想通“办法”的，像独自散步，静静地欣赏鸟雀，或是单独的自处，都是有效的“办法”。

12. 夜晚需要宁静

尽管白天的精神压力很大，但是夜里，无论如何也要身心愉快和宁静，安详。因为在睡前，任何的紧张，即使甚为轻微，也会引致失眠的，要是无法睡眠，精神会更加紧张，形成恶性循环。

自卑是人生成功之大敌

自古以来，多少人为自卑而深深苦恼，多少人为寻找克服自卑的方法而苦苦寻觅。

什么是自卑

自卑，是个人对自己的不恰当的认识，是一种自己瞧不起自己的消极心理。在自卑心理的作用下，遇到困难、挫折时往往会出现焦虑、泄气、失望、颓丧的情感反应。一个人如果做了自卑的俘虏，不仅会影响身心健康，还会使聪明才智和创造能力得不到发挥，使人觉得自己难有作为，生活没有意义。所以，克服自卑心理是一个重要的心理健康问题。

自卑者的行为模式

一个内心感到自卑的人，必然会将自己的自卑感表现出来。只是不同的人有着不同的表现形式，很多情况下本人也一定明确意识到。著名的美国成功学大师拿破仑·希尔发现，人们的自卑感和表现形式和行为模式大致有以下几种：

1. 孤僻怯懦型

这类人由于深感自己处处不如别人，谨小慎微、畏首畏尾就成了他们的行为特点。他们对外界和生人，新环境有一种畏惧感和不安感，为躲避这种畏惧感和不安感，他们会像蜗牛一样畏缩在自己的壳里，不参加社交活动，不参与任何竞争，不愿冒半点风险。纵使自己的权益受到侵犯，也听之任之、逆来顺受，不敢声张，或者在绝望与忧伤中过着离群索居的生活。

2. 咄咄逼人型

自卑的人一般情况下是以被动的角色出现的，但有时却以盛气凌人的进攻形式表现出来，而这时恰恰是他自卑到极点的时候，再采取屈从于怯懦的方式已无法排解其自卑之苦，于是便转为好争好斗，表现为脾气暴躁、动辄发怒，即使是鸡毛蒜皮的小事，也要找借口挑衅闹事。

3. 滑稽幽默型

自卑者也并非人人脸上都写着失意、消沉与怯懦。有时自卑恰是从相反的形式表现出来的。自卑者通过扮演滑稽幽默的角色，用笑声来掩盖自己内心的自卑。美国著名的喜剧演员弗丽丝·蒂勒相貌丑陋，她为此而羞怯、孤独自卑，于是她常用笑声，尤其是开怀大笑来掩饰内心的自卑。

4. 否认现实型

这类人不愿面对导致自卑的那些不愉快的现实，他们不愿意对自卑的根源进行思考清理，更没有勇气和信心去改变，于是便采取回避、否认现实的方式来摆脱自卑的痛苦，如借酒消愁就是这类行为的典型。

5. 随波逐流型

这类人因为自卑，没有信心，不敢有独立的主张，与众不同的行为，因而尽量使自己与别人保持一致，跟在他人后头亦步亦趋。与大家同步同调，大家做什么自己就做什么，往往会产生一种安全感和踏实感。

6. 认命型

除以上五种类型以外，我们认为在东方佛教国家，还有一种普遍存在的自卑表现形式，那就是：

这类人也许多次努力过、拼搏过，但都失败了，或没有达到自己心中的目标于是便产生了深深的挫折感，深深的挫折感又带来了自卑感，他们屡次失败之后，失去了再次奋斗、改变现实的信心和勇气，便将一切归结为命运。认为自己这辈子已经是命中注定的了，而命中注定的东西是人为改变不了的。这样，他们便可心安理得地隐藏起心中的自卑感，消极被动地接受命运的摆布。

战胜自卑方案

1. 全面了解自己，正确评价自己

你不妨将自己的兴趣、嗜好、能力和特长全部列出来，哪怕是很细微的东西也不要忽略。然后再和其他同龄人做一比较。通过全面、辨证地看待自身情况和外部世界，认识到凡人都不可能十全十美，人的价值主要体现在通过自己的努力，达到力所能及的目标对自己的弱项和遭到失败持理智态度，既不自欺欺人，又不看得过于严重，而是以积极态度应对现实，这样自卑便失去了温床。

2. 转移注意力

一个人既不可能十全十美也不可能一无是处。不要老关注自己的弱项和失败，而应将注意力和精力转移到自己最感兴趣，也最擅长的事情上去，从中获得的乐趣与成就感将强化你的自信，驱散你自卑的阴影，缓解你的心理压力和紧张。

3. 对自己的自卑进行心理分析

这种方法可在心理医生的帮助下进行。具体做法就是通过自由联想和对早期经历的回忆，分析找出导致自卑心态的深层原因。并让自己明白自卑情结是因为某些早期经历而形成的，并深入潜意识，一直影响着自己的心态，而实际上目前的自卑感是建立在虚幻的基础上的，与自己的现实情况无关，因而是没有必要的。这样可以从根本上瓦解自卑情结。

4. 用行动证明自己的能力与价值

其实，看一个人有没有价值，根本用不着进行什么深奥的思考，也用不着问别人，有人需要你，你就有价值，你能做事，你就有价值。你能做成多大的事，你就有多大的价值。因此，你可先选择一件自己较有把握也较有意义的事情去做，做成之后，再去找一个目标。这样，你可不断收获成功的喜悦，又在成功的喜悦中不断走向更高的目标。每一次成功都将强化你的自信心，弱化你的自卑感，一连串的成功则会使你的自信心趋于巩固。当你切切实实感觉到自己能干成一些事情时，你还有什么理由怀疑自己的价值呢?

5. 从另一个方面弥补自己的弱点

一个人有着多方面的才能，社会的需要和分工更是万象纷呈。一个人这方面有缺陷，便可从另一方面谋求发展。一个身材矮小或过于肥胖的人，可能当不成模特和仪仗队员，可是这世界上对身材没有苛刻要求的工作多得是。一个人只要有了积极心态，对自己扬长避短，将自己的某种缺陷转化为自强不息的推动力量，也许你的缺陷不但不会成为你的障碍，反而会成为你的福音。因为它会促使你更加专心地关注自己选择的发展方向，往往能促成你获得超出常人的发展，最终成为超越缺陷的卓越人士。这方面的著名事例数不胜数，如身材矮小的拿破仑、身短耳聋的贝多芬、下肢瘫痪的罗斯福、少年坎坷艰辛的巨商松下幸之助、霍英东、王永庆、曾宪梓，这些人要么有自身缺陷，要么有家庭缺陷，但他们都成了卓越人士，都从某个方面改变了世界。

6. 推翻内向的自我形象

每个人都应该是自己的主宰，做自己人生的导航员。没有谁比你自己更能决定你的命运。因此，你个性内向与否，那不是上帝的安排，而是你自己的安排，而是你自己的决定。当你认定自己性格内向时，你便赋予了自己内向封闭的自我形象。而一旦这一形象标签进入你的潜意识，它又反过来引导约束你的行为。对自己的社交缺交信心的人，不妨将自己从记事以来所认识的朋友都罗列出来，你会惊讶于自己竟有这么广泛的交际。特别是要多想想你的那些好朋友，既然你能与那么多人建立起良好的人际关系，深厚的友谊，也就足以证明你并非性格内向，不善交际了。

用实际行动建立自信

征服畏惧，战胜自卑，不能夸夸其谈，止于幻想，而必须付诸实践，见于行动。建立自信最快、最有效的方法，就是去做自己害怕的事，直到获得成功。具体方法如下：

1. 突出自己，挑前面的位子坐

在各种形式的聚会中，在各种类型的课堂上，后面的座位总是先被人坐满，大部分占据后排座位的人，都希望自己不会“太显眼”。而他们怕受人注目的原因就是缺乏信心。

坐在前面能建立信心。因为敢为人先，敢上人前，敢于将自己置于众目睽睽之下，就必须有足够的勇气和胆量。久之，这种行为就成了习惯，自卑也就在潜移默化中变为自信。另外，坐在显眼的位置，就会放大自己在领导及老师视野中的比例，增强反复出现的频率，起到强化自己的作用。把这当作一个规则试试看，从现在开始就尽量往前坐。虽然坐前面会比较显眼，但要记住，有关成功的一切都是显眼的。

2. 睁大眼睛，正视别人

眼睛是心灵的窗口，一个人的眼神可以折射出性格，透露出情感，传递出微妙的信息。不敢正视别人，意味着自卑、胆怯、恐惧；躲避别人的眼神，则折射出阴暗、不坦荡心态。正视别人等于告诉对方："我是诚实的，光明正大的；我非常尊重非常尊重你，喜欢你。"因此，正视别人，是积极心态的反映，是自信的象征，更是个人魅力的展示。

3. 昂首挺胸，快步行走

许多心理学家认为，人们行走的姿势、步伐与其心理状态有一定关系。懒散的姿势、缓慢的步伐是情绪低落的表现，是对自己、对工作以及对别人不愉快感受的反应。倘若仔细观察就会发现，身体的动作是心灵活动的结果。那些遭受打击、被排斥的人，走路都拖拖拉拉，缺乏自信。反过来，通过改变行走的姿势与速度，有助于心境的调整。要表现出超凡的信心，走起路来应比一般人快。将走路速度加快，就仿佛告诉整个世界："我要到一个重要的地方，去做很重要的事情。"步伐轻快敏捷，身姿昂首挺胸，会给人带来明朗的心境，会使自卑逃遁，自信滋生。

4. 练习当众发言

面对大庭广众讲话，需要巨大的勇气和胆量，这是培养和锻炼自信的重要途径。在我们周围，有很多思路敏锐、天资颇高的人，却无法发挥他们的长处参与讨论。并不是他们不想参与，而是缺乏信心。

在公众场合，沉默寡言的人都认为："我的意见可能没有价值，如果说出来，别人可能会觉得很愚蠢，我最好什么也别说，而且，其他人可能都比我懂得多，我并不想让他们知道我是这么无知。"这些人常常会对自己许下渺茫的诺言："等下一次再发言。"可是他们很清楚自己是无法实现这个诺言的。每次的沉默寡言，都是又中了一次缺乏信心的毒素，他会愈来愈丧失自信。

从积极的角度来看，如果尽量发言，就会增加信心。不论是参加什么性质的会议，每次都要主动发言。有许多原本木讷或有口吃的人，都是通过练习当众讲话而变得自信起来的，如肖伯纳、田中角荣、德谟斯梯尼等。因此，当众发言是信心的“维他命”。

5. 学会微笑

大部分人都知道笑能给人自信，它是医治信心不足的良药。但是仍有许多人不相信这一套，因为在他们恐惧时，从不试着笑一下。

真正的笑不但能治愈自己的不良情绪，还能马上化解别人的敌对情绪。如果你真诚地向一个人展颜微笑，他就会对你产生好感，这种好感足以使你充满自信。正如一首诗所说：“微笑是疲倦者的休息，沮丧者的白天，悲伤者的阳光，大自然的最佳营养。”

再顺利的人生也会有挫折

再平坦的道路，也会有坎坷；再顺利的人生，也会有挫折。

挫折是个体在从事有目的的活动过程中，从到主客观因素的阻碍或干扰时，所产生的情绪状态。

挫折：人生的催熟剂

挫折作为一种情绪状态和一种个人体验，各人的耐受性是大不相同的。有的人经历了一次次挫折，能够坚忍不拔，百折不挠；有的人稍遇挫折便意志消沉，一蹶不振，甚至痛不欲生。有的人在生活中受多大的挫折都能忍耐，但不能忍受事业上的失败；有的人可以忍受工作上的挫折，却不能经受生活中的不幸。

其实，当一个人身处顺境时，尤其是在春风得意时，一般很难看到自身的不足和弱点。唯有当他遇到挫折后，才会反省自身，弄清自己的弱点和不足，以及自己的理想、需要同现实的距离，这就为其克服自身的弱点和不足、调整自己的理想和需要提供了最基本的条件。因此，挫折是人生的催熟剂，经历挫折、忍受挫折是人生修养的一门必修课程。虽说一个人经受一些挫折有一定的好处，可以锻炼人的意志，培养在逆境中经受挫折失败后再接再厉的精神，但不断地让人经受挫折，经常陷于挫折之中也是不可取的。如是这样，则对一个人的压力太大，会使其人格发生根本性变化，从而变得冷漠、孤独、自卑，甚至执拗。

所以，面对挫折，既不文过饰非，也不委过于人。只要认真分析，了解挫折产生的原因，正确地采取应付挫折的办法，同样可以变逆境为顺境，化失败为成功。

如何面对挫折

人们常说，正确面对挫折，就成功了一半。

那么，什么是挫折，该如何面对挫折呢？

人生在世，谁都会遇到挫折，适度的挫折具有一定的积极意义，它可以帮助人们驱走惰性，促使人奋进。挫折又是一种挑战和考验。

英国哲学家培根说过：“超越自然的奇迹多是在对逆境的征服中出现的。”关键的问题是应该如何面对挫折。

人们都希望自己的生活中能够多一些快乐，少一些痛苦，多些顺利少些挫折，可是命运却似乎总爱捉弄人、折磨人，总是给人以更多的失落、痛苦和挫折。

记得这样一则故事：草地上有一个蛹，被一个小孩发现并带回了家。过了几天，蛹上出现了一道小裂缝，里面的蝴蝶挣扎了好长时间，身子似乎被卡住了，一直出不来。天真的孩子看到蛹中的蝴蝶痛苦挣扎的样子十分不忍。于是，他便拿起剪刀把蛹壳剪开，帮助蝴蝶脱蛹出来。然而，由于这只蝴蝶没有经过破蛹前必须经过的痛苦挣扎，以致出壳后身躯臃肿，翅膀干瘪，根本飞不起来，不久就死了。自然，这只蝴蝶的欢乐也就随着它的死亡而永远地消失了。这个小故事也说明了一个人生的道理，要得到欢乐就必须能够承受痛苦和挫折。这是对人的磨炼，也是一个人成长必经的过程。

造成挫折的因素有很多。例如，将奋斗的目标定得过高，能力与期望值存在差距等。另外还包括心理冲突的因素。比如，一个大学生很想专心攻读博士学位，可又处于热恋之中；读书与恋爱如鱼与熊掌，他希望兼而得之，但对他来说最佳做法是只选其一，这就是一种“双趋冲突”。又如，一对正谈恋爱的男女，接触几次后就觉得该谈的都谈了，再也没什么可谈的了，俩人只能你看我，我瞧你，显得十分尴尬，可一个人会更觉寂寞。这就叫“双避冲突”。面对挫折，可以采取以下方法：

（1）了解自我，接纳自我。自悲自怜者因幼时的过分依赖和竞争中的过多失败，得出的结论是“你行我不行”，于是束缚自我，贬抑自我，结果是增加焦虑，毁了自己。自暴自弃者不甘心说“我不行”，而又无正确的方向，亦缺乏能力来表现自己，于是放纵自我、践踏自我，结果是反抗社会、害人害己。自傲自负者自命不凡、自吹自擂，却连自己也不认识，结果是欺人一时，欺己一世。自信自强者了解自己的动机和目的，正确估价自己的能力，对自己充满自信，对他人深怀尊重，他们认为在认识自己的前提下，没有什么是不可战胜的，于是走上了“我行你也行”的康庄大道，结果是充分认识了自我，发挥了最大潜力。

（2）正视现实，适应环境。成功者总是能与现实保持良好的接触，一方面他们能发挥自己最大的能力去改造环境，以求外界现实符合自己的主观愿望，另一方面，在力不能及的情况下，又能另择目标或重选方法以适应现实环境。

（3）接受他人，善与人处。人是群居动物，在人群中不仅可以得到帮助，获得信息，还可使喜怒哀乐得到宣泄和分享，从而保持心理平衡、健康。人是需要朋友的，乐于与人交往，和他人建立良好的关系，是善待挫折重新崛起、获得成功的先决条件之一。

（4）热爱工作，学会休闲。工作的最大意义不限于由此获得的物质报酬，它对个体还具有两方面的意义：一是能表现出个人的价值，获得心理上的满足；二是能使人在团体中表现自己，以提高个人的社会地位。然而现代社会生活节奏加快，不少人情绪长期紧张。因此要学会合理安排休闲时间，变换休闲方式，让休闲日丰富多彩，恢复体力，调整心态，获得身心健康。

走出受挫的困境

人在遭遇挫折时，往往会感到缺乏安全感，使人难以安下心来，工作和生活都会受到影响。那么，人在遭受挫折的时候，又应如何进行调试呢？

1. 要树立坚定信念

信念是一种巨大的精神力量。一个人对于自己所从事的事业目的越明确，信念越坚定，战胜挫折的毅力就越坚强。青年官兵只要树立了坚定信念，就会有较高的挫折忍受力，就会用正确的、积极的眼光去看社会、看生活中的人，面对逆境就会不屈不挠，成为战胜挫折的强者。

2. 要及时调整自己的行为

挫折总是与一定的目标相联系。当个人所确立的目标与集体的目标相矛盾或受到条件的限制而无法实现时，应考虑用一个新目标代替原有的目标，适时调整自己的行为，以更好的方式去实现正确的人生目的。如有的士兵报考军校，屡试受挫，未能实现入学的愿望。这时可以通过其他途径实现自己的目标，或上函大、夜大，或参加自学考试，走自学成才的道路。

3. 要强化自我控制能力

忍耐是自我控制的主要方式。当遇到挫折时，自觉地控制自己，忍受内心的痛苦和不快，不讲过激的言辞，不采取冲动的行为。

4. 要善于总结经验教训

从主观愿望讲，谁也不希望遇到挫折，但挫折有时是宝贵财富，是成功的契机，如果能以科学的方法为指导，采取积极的态度，认真思考，分析受挫原因，总结经验教训，就一定能在“山重水复”的困境中，探索到通往“柳暗花明”的途径而获得成功。从这个意义上说，挫折是成功之母。

5. 要进行适当的自我调节

当遇到无法避免或无法克服的挫折，如亲人生老病死、家庭受到自然灾害等，要安慰和提醒自己：这是不可抗拒的自然规律；当遇到挫折感到委屈或孤独时，可给亲朋好友写信，或与知心战友交谈，诉说苦衷，听听他们的意见和开导；当受挫后情绪出现焦虑时，要学会转移注意力，积极从事文娱、体育等活动，摆脱不良情绪的困扰。

6. 要注意借鉴他人成功的做法

古今中外，凡是成功者，都有从挫折到成功的经历。数学家陈景润为了摘取“哥德巴赫猜想”这颗数学皇冠上的明珠，曾做了无数次运算，经受了千百次失败，终于创造出了“陈氏定理”，震惊了世界数学界。苏联《钢铁是怎样炼成的》一书中的保尔，克服挫折的精神和百折不挠的毅力，令人折服。这些英模的事迹告诉我们，遇到一些挫折并不可怕，可怕的是不能正确对待或回避，甚至在挫折中意志消沉，一蹶不振。

7. 心理宣泄法

人在受挫时，会产生很多负性情绪，这种情绪靠堵是堵不住的，比较好的方法是在合适的场合发泄出来。这种方法一般包括“出气室”宣泄，书写宣泄，向人倾诉宣泄。“出气室”宣泄法是指在专门建立的软体房间内，对橡胶制品类的物体大打出手。当然作为学生，没有这一条件，找一个僻静的角落，对树木、石头发泄一通，效果也是一样的。书写宣泄，是通过写信、日记、绘画等形式发泄自己的不满。向人倾诉宣泄，则是把自己的烦恼、愤怒、痛苦等向老师、朋友或亲人一一倾诉或大哭一场，以缓解心理压力。一般说来，受挫时由于负性情绪的干扰，个体容易变得思维狭窄、固执、偏激，缺乏对行为后果的预见性，而通过适度发泄，情绪放松，则认知恢复正常。

8. 注意转移法

即把注意力从消极情绪的事情上转移开来。遇到烦恼苦闷之事，可采取暂时回避的方式，去看电影、电视，听音乐，散步，进行体育运动或做其他有意义的事。这种方法很有效。

9. 反向思维法

即换个角度看问题，或从光明的角度看问题。在遇到挫折时，要从积极的方面去想，努力从不利因素中找到有利因素，从而调动自己的积极性。生活中自会有“否极泰来”“因祸得福”之事。

10. 学会幽默，自我解嘲

“幽默”和“自嘲”是宣泄积郁、平衡心态、制造快乐的良方。当你遭受挫折时，不妨采用阿Q的精神胜利法，比如“吃亏是福”“破财免灾”“有失有得”等等来调节一下你失衡的心理。或者“难得糊涂”，冷静看待挫折，用幽默的方法调整心态。

人生在世，不可能春风得意，事事顺心。面对挫折能够虚怀若谷，大智若愚，保持一种恬淡平和的心境，是彻悟人生的大度。一个人要想保持健康的心境，就需要升华精神，修炼道德，积蓄能量，风趣乐观。正如马克思所言：“一种美好的心情，比十副良药更能解除生理上的疲惫和痛楚。”

第八章

拥抱人生中的那些好情绪

爱让你成为最温暖的人

任何负面的情绪在与爱接触后，就如冰雪遇上了阳光，很容易就水融了。如果现在有个人跟你发脾气，你只要始终对他施以爱心及温情，最后他们便会改变先前的情绪。

爱是最为重要的精神“营养素”

爱伴随人的一生。童年时代主要是父母之爱，童年是培养人心理健康的关键时期，在这个阶段若得不到充足和正确的父母之爱，就将影响其一生的心理健康发育，很多成年人的心理障碍都与童年缺少父母之爱有关。少年时代增加了伙伴和师长之爱，青年时代情侣和夫妻之爱尤为重要。中年人社会责任重大，同事、亲朋和子女之爱十分重要，它们会使青年人在事业家庭上倍添信心和动力，让生活充满欢乐和温暖。至于老年人，爱更是晚年幸福的关键。爱有十分丰富的内涵，不单指情爱，还包括关怀、安慰、鼓励、奖赏、赞扬、信任、帮助和支持等。一个人如果长期得不到别人尤其是自己亲人的爱，心理会出现不平衡，进而产生障碍或疾患。

福克斯说得好，只要你有足够的爱心，就可以成为全世界最有影响力的人。

人生只有一次，将如水逝去，唯有爱心成就的事才能长存！

人只能活一次，而这一次就只有短短的数十寒暑。因此，痛快淋漓地活出自己的风采、活出自己的个性，将一个真实的我活灵活现地演绎出来。不要自我压抑，该说的话想说的话渴望说的话应该尽量说，赶快说，寻找机会来说。有很多人值得你去爱与支持的。

世界是由爱编织而成的

知道自己生命有限的人，反而更能自由地享受生命。

常人不知生命有限，苦苦追逐细枝末节的东西，因而无心向爱，他们的生命是脆弱的。

快乐源于内心的爱，世界上只有一种向上的力量，即源自于内心的爱。

计较是让爱意消融的无形力量，当生命快到尽头时，人才知道计较已毫无意义，释然之时，无宽地阔，才发现生活中那么多的美好，人就被温馨、幸福包围了，生存的力量竟异乎寻常地倔强，许多伟大的壮举便产生了。

我们知道“青蛙变王子”的童话，故事中的公主亲了青蛙一下，青蛙就变成王子，这故事告诉我们，爱拥有奇迹般的力量，爱对人来说，就像水对植物一样重要。

这是一个真实的故事……那天，是妞妞20岁生日，在爷爷奶奶为她庆贺生日的欢乐气氛中，妞妞却怀着忐忑不安的心情期盼着邮差的到来。如同每年生日的这一天，她知道母亲一定会从美国来信祝她生日快乐。

在妞妞的记忆中，母亲在她很小很小的时候就独自到美国做生意了，妞妞的祖父母是这样告诉她的。在她对母亲模糊的残存印象中，母亲曾用一只温润的手臂拥抱着她，用如满月般慈爱的眼眸望着她，这是她珍藏在脑海里，时时又在梦中想起最甜蜜的回忆。

然而，妞妞对这个印象已逐渐模糊，却有着既渴望又怨恨的矛盾情绪，无法理解为何母亲忍心抛弃幼小的她而远走他乡。

在她的认知里，母亲是一个婚姻失败、抛弃她不负责任的人。小时候，每次在想念母亲的时候，妞妞总是哭喊着祖父带她去美国找母亲，而两位老人总是泪眼以对地说：“你妈妈在美国忙着工作，她也很思念妞妞，但她有她的苦衷，不能陪你，妞妞原谅你可怜的母亲吧！总有一天你会了解的。”

妞妞仍焦急地盼望母亲这封祝福她20岁生日的来信。她打开从小时母亲来信的宝物盒，在成叠的信中抽出一封已经泛黄的信，这是她6岁上幼儿园那年母亲的来信：“上幼儿园了，会有很多小朋友陪你玩，妞妞要跟大家好好相处，要把衣服穿着整齐，头发指甲都要修整干净。”

另外一封信16岁考高中的来信：“中考只要尽力就好，以后的发展还是要靠真才实学，才能在社会竞争中脱颖而出。”

在这一封封笔迹娟秀的信中，流露出母亲无尽的慈爱，仿佛千言万语，道不尽、说不完。这些信是妞妞十几年成长过程中，最仰赖的为人处事原则，也是与母亲精神上唯一的交融。

在过去无数思念母亲的夜晚，她紧抱着这只百宝箱痛哭，母亲！您在哪里？你体会到妞妞的寂寞与想念吗？为什么你不来看你女儿，甚至没留下电话地址，人海茫茫，教我何处去找您？

邮差终于送来母亲的第 72 封信，如同以前一样，妞妞焦急地打开它，而祖父也紧张地跟在妞妞后面，仿佛预知什么惊人的事情要发生一样，而这封信比以前的几封更加陈旧发黄，妞妞看了顿觉讶异，觉得有些不对劲。

信上母亲的字不再那么工整有力，而是模糊扭曲的写着：“妞妞，原谅妈妈不能来参加你最重要的 20 岁生日，事实上，每年你的生日我都想来，但，要是你知道我在你 3 岁时就因胃癌死了，你就能体谅我为什么不能陪你一起成长，共度生日……”

“原谅你可怜的母亲吧！”我在知道自己已经回天乏术时，望着你口中呢喃地喊着妈妈、妈妈，依偎在我怀中，玩耍嬉戏的可爱模样，我真怨恨自己注定看不到唯一的心肝宝贝长大成人，这是我短暂的生命最大的遗憾。”

“我不怕死，但是想到身为一个母亲，我有这个责任，也是一种本能的渴望，想教导你很多很多关于成长过程中必须要知道的事情，来让你快快乐乐地长大成人，就如同其他的母亲一样，可恨的是，我已经没有尽这个母亲天职的机会了，因此面临的事情，以仅有的一些精神与力气，夜以继日，以泪洗面地连续写了 72 封家书给你，然后交给你在美国的舅舅，按着你最重要的日子寄回给你，来倾诉我对你的思念与期许。虽然我早已魂飞九霄，但这些信是我们母女此刻唯一能做的永恒的精神联系。”

“此刻，望着你调皮地在玩扯这些写完的信，一阵鼻酸又涌了上来，妞妞还不知道你的母亲只有几天的生命，不知道这些信是你未来 17 年里逐封看完的母亲的最后遗笔，你要知道我有多爱你，多舍不得留下你孤独一个人，我现在只能用细若游丝的力量，想象你现在20岁亭亭玉立的样子……。这是最后一封绝笔信，我已无法写下去，然而，我对你的爱却是超越生死，直到永远、永远……”

看到这里，妞妞再也按捺不住心里的震惊与激动，抱着爷爷奶奶号啕大哭，信纸从妞妞手中滑落，夹在信里一张泛黄的照片飞落在地上……。照片中，母亲带着憔悴但慈祥的微笑，含情脉脉地凝视着妞妞，她手中飞舞着一叠信在玩耍……

照片背后是母亲模糊的笔迹，写着：“1998年，妞妞生日快乐！”

爱，让我们活着。爱，是一切快乐的最大秘密。

爱主要是“给予”，而不是“接受”

何谓“给予”？最普遍的误会是设想“给予”，即是“放弃”某物，是丧失、牺牲。凡人格的发展还未超过接受、索取、守财倾向这一阶段的人，便有以这种方式“给予”的行为感受。

对于具有创造性人格的人来说，“给予”是潜力的最高表现，正是在“给予”中，我们体会到自己的强大、富有、能力。这种增强了的生命力和潜力的体验使我倍感快乐，我感到自己精力充沛，勇于奉献，充满活力，因此也欢愉。“给予”比接受更令人快乐，这并不是因为“给予”是丧失、舍弃，而是因为我存在的价值正在于给予的行为。

在物质领域内“给予”意味着富有。富有，并不是说拥有很多财物的人才富有，而是慷慨解囊的人才富有。众所周知，穷人比富人更愿意“给予”，然而超过一定限度，贫困使他无力再给。一个人自认为的最低限度的生活需要，既取决于他拥有的财物，更取决于他的品质。

最重要的奉献领域不是物质财富领域，而是特殊的人的领域。一个人奉献给另一个人的是什么？他奉献自身，奉献他宝贵之物，奉献他的生命。这并不一定意味着他为他人牺牲生命，而是意味着他把自身有活力的东西给予他人，他给他人以快乐、兴趣、理解、知识、幽默、伤感，献出了生命的过程，使他充实了另一个人，他通过增强自己的活力感而提高了他人的活力感，他不是为了接受而给予，但在这一过程中，他不能不带回在另一个人身上复活的某些东西，而这些东西反过来影响他。“给予”隐含着使另一个人也成为献出者，他们共享已经复活的精神的乐趣。在真正的创造性的关系中，给予也必然意味着获得，作为“给予”行为的爱之能力，取决于那个人个性的发展。

爱是创造爱的能力，无爱则不能创造爱。

爱是给予，是播种，也是收获。如果你不能给予，你的接受就会使你变得空虚；而如果你不能接受，你的给予就会成为对对方的一种统治。

每个人都希望有一个充满爱的人生。要想实现这个愿望，我们就要从自身做起。我们必须首先做出爱的奉献，而爱，就是它本身的回报。付出越多，收获越大。

关于爱

1. 爱的共同的基本要素

关心、责任、尊重和了解。这四者相互依存，只有在成熟的人身上才能找到这四者的交融形态。

（1）爱是对所爱对象的生命和成长的积极关心。哪里缺少这种积极关心，哪里就根本没有爱。

（2）责任不是职责，完全是一种自愿的行为，是我对另一个人表达或没有表达的需要的反应，负责任意指能够并准备“反应”。

（3）没有尊重，责任可蜕变为支配和占有。尊重意指一个人对另一个人成长和发展应顺其自身的规律和意愿。尊重蕴涵没有剥削，让被爱的人为他自己的目的去成长和发展，而不是为了服务于我。

（4）不了解一个人就不能尊重他；爱的责任若没有了解作为向导便是盲目的。了解若无关心为动力，便是一句空话。只有当我能超越对自己的关心而按其本来面目发现另一个人时，这种了解才可能完成，了解是对所爱对象本质的了解认识。

2. 缺乏爱心的人

（1）那些没有或只有几位朋友的人，或者只把感情施与某一个人身上的那些孤家寡人，他们这种人很难培养起一种爱的能力。

（2）那些觉得没人爱自己，没人能理解自己的人，正可能是这样一些人：他们没有去参与爱的过程，没把爱心施与所有的人，既没有理解别人，也不在这方面做出努力。

（3）另一种表示不能去爱别人的危险信号是雄心过胜，一个人的身心被某种动力所驱使，在社会上奋力拼搏，他实际上已经怀有爱的感情了，只是其施与对象不同而已。在各个领域中都会有人抱有雄心壮志，这是可敬的事情。如果这种抱负过分，那就说明这个人对其他人的爱心行将泯灭，他心中的那份爱是最为专注的，他无法将这份感情匀给其他人或事。

（4）还有一种人，他们要讨好每一个人，似乎很有博爱之心，使自己赢得每一个人的欢心，而实际上他们这种人恐怕根本不会爱上任何人，也不可能和别人去建立一种稳固的关系，这来源于那种认为自己不值得爱的感觉。

（5）至善主义者。如果你一切完全按照他（她）的意图去行事，你就会赢得他（她）的心，因为他才是正途，而别人的想法全是邪门歪道。他们这类人缺乏灵活性，没有幽默感，总是对别人发号施令，这种人不能容人，容易动怒，动辄不耐烦，对别人充满敌意，这决不是爱的表现，自然也就得不到那份爱的快乐。

3. 爱的三个事实

第一个值得注意的事实真相是我们并非天生就具有某些确定的爱的能力，爱是我们需要学习的，它是一系列经历的产物，很多这些经历发生在我们的早年生活之中。

第二个事实，没有两个人会以同样的接受和给予爱的能力进入成年。

第三个事实，我们今天的爱都是受着我们从前有过的爱的影响的。

关爱及古老的基本问题

今天最大的威胁乃是人们的冷漠，不介入和追求外在刺激。在这种情形下，关爱正是一种必要的解毒剂。

无论如何，古老的基本问题仍然存在，这就是：有没有什么人、什么事对我说来至关重要？如果没有，我能否找到一个对我至关重要的人，或一件对我至关重要的事？

1. 爱别人首先要爱自己

学会爱自己，是源于对生命本身的崇尚和珍重。它可以让我们的生命更为丰满更为健康，让我们的灵魂更为自由更为强壮。让我们的生活更为快乐更为幸福。

有一篇小说《绿墨水》，讲一位慈父为使女儿有勇气面对生活而借她同班男生的名义给她写匿名求爱信的故事。感动之余也让我们想到：人真是太脆弱了，似乎总是需要通过别人的语言和感情才能肯定自己热爱自己。如果有一天这世界上没有一个人去关怀你爱护你倾听你鼓励你——人生中必定会有这样的时刻，那时你怎么办呢？

还有一个老音乐家的轶事。他在“文革”中被下放到农村为牲口铡了整整七年的草。等他平反回来，人们惊奇地发现他并没有憔悴衰老。他笑道：“怎么会老呢，每天铡草我都是按 4/4 拍铡的。”为此，许多人爱上了这位并不著名的音乐家和他的作品，他懂得怎样拯救自己和爱自己。

为什么不学会爱自己呢？

学会爱自己，不是让我们自我姑息，自我放纵，而是要我们学会勤于律己和矫正自己。这一生总有许多时候没有人督促我们指导我们告诫我们叮咛我们，即使是最亲爱的父母和最真诚的朋友也不会永远伴随我们。我们拥有的关怀和爱抚都有随时失去的可能。这时候，我们必须学会为自己修枝打杈寻水培肥，使自己不会沉沦为一棵枯荣随风的草，而成长为一株笔直葱茏的树。

学会爱自己。不是让我们虐待自己苛求自己，而是让我们在最痛楚无助最孤立无援的时候，在必须独自穿行黑洞洞的雨夜没有星光也没有月华的时候，在我们独立支撑着人生的苦难没有一个人能为我们分担的时候——我们要学会自己送自己一枝鲜花，自己给自己画一道海岸线，自己给自己一个明媚的笑容。然后，怀着美好的预感和吉祥的愿望活下去，坚韧地走过一个又一个鸟声如洗的清晨。

也许有人会说这是一种自我欺骗，可是如果这种短暂的欺骗能获得长久的真实的幸福，自我欺骗一下又有什么不好呢？

学会爱自己。这不是一种羞耻，而是一种光荣。因为这并非出于一种夜郎自大的无知和狭隘，而是源于对生命本身的崇尚和珍重。这可以让我们的生命更为丰满更为健康，也可以让我们的灵魂更为自由更为强壮。可以让我们在无房可居的时候，亲手去砌砖叠瓦，建造出我们自己的宫殿，成为自己精神家园的主义。

学会爱自己，才会真正懂得爱这个世界。

2. 快乐的习惯与爱的享受

我们似乎觉得只有自己干了什么，赢得了什么才值得，才能换取片刻的享受。这样，现在的享受也成为了过去生活的一种阴暗的遗产。

每一天都让自己得到一点享受，养成快乐的习惯，这是支撑一个虚弱的自我形象的最简单的方法了。片刻的欢乐也会使我们的自我感觉变得良好，哪怕只是一点点，但日积月累，它们的作用就不可低估了。只有当我们学会了愉悦自己，我们才能够进一步爱我们自己并也会让别人爱我们，这是一个普通的真理。

只有当欢乐与爱成为一种习惯时，我们才真正能够爱得热烈、持久、深入，最好的恋人并不是仅只是彼此欣赏，他们通过共同欣赏这个世界来彼此欣赏，爱对他们来说是一种享受。

激励自己对生命感恩的要素

一切情绪之中最有威力的便是爱心，但它以不同的面貌呈现出来，感恩也是一种爱，因而喜欢通过思想或行动，主动表达出自己的感恩之憎爱分明，同时也好好珍惜上天赐给他的、人们给予他的、人生经历的。如果我们常心存感恩，人生就会过得再快乐不过了，因此请好好经营你那值得经营的人生，让它充满了芬芳。

做一个100%负责任的人，首要的条件就是学会发自内心的感谢，知福的人才会感恩。

抱怨生活的人实在是太多了。你所缺少的东西，产生的原因只有一个，那就是你对那一部分感恩不够多！

日本经营之神松下幸之助每天有一项重要的工作：给员工倒茶。他感恩自己的员工，尊重他们的劳动，于是他拥有无数敬业乐业拼搏进取的好员工。

美国前总统里根在白宫的办公桌上写下一句话："只问耕耘，不问收获的人，没有做不了的事儿，也没有到不了的地方。"

学会感恩，剔除抱怨指责，这是成功的起点。

一个人本质的改变，最重要的是学会了爱人，透过思想或行动，主动表达出自己的感恩之情，同时又去珍惜上天赋给的，人们给予的，人生所经历的。

你可以经常提醒自己，生命是何等短暂与脆弱，世事是何等瞬息万变，此刻你可能有配偶或孩子，下一刻却很可能一无所有了，这样的想法对你有启蒙与开化的作用。前一天你享受每天的散步活动，第二天却因为一场意外变得完全不能走路。前一天你还有一个家，第二天却毁于一场大火。诸如此类的想象都对你有提醒的作用。对于多变的人生，其实我们可以有两种截然不同的想法：一种是面对生命无常的变化感到挫折与恐惧；另一种积极的想法是将这些变化视作理所当然，同时认为是激励自己对生命感恩的要素。

感恩生活

一次，美国前总统罗斯福家失盗，被偷去了许多东西，一位朋友闻讯后，忙写信安慰他，劝他不必太在意。罗斯福给朋友写了一封回信：“亲爱的朋友，谢谢你来信安慰我，我现在很平安。感谢上帝：因为第一，贼偷去的是我的东西，而没有伤害我的生命；第二，贼只偷去我部分东西，而不是全部；第三，最值得庆幸的是，做贼的是他，而不是我。”对任何一个人来说，失盗绝对是不幸的事，而罗斯福却找出了感恩的三条理由。这个故事，启发我们该如何感恩生活。

感恩是一种处世哲学，是生活中的大智慧。人生在世，不可能一帆风顺，种种失败、无奈都需要我们勇敢地面对、旷达地处理。这时，是一味地埋怨生活，从此变得消沉、萎靡不振？还是对生活满怀感恩，跌倒了再爬起来？英国作家萨克雷说：“生活就是一面镜子，你笑，它也笑；你哭，它也哭。”你感恩生活，生活将赐予你灿烂的阳光；你不感恩，只知一味地怨天尤人，最终可能一无所有！成功时，感恩的理由固然能找到许多；失败时，不感恩的借口却只需一个。殊不知，失败或不幸时更应该感恩生活。

感恩，使我们在失败时看到差距，在不幸时得到慰藉，获得温暖，激发我们挑战困难的勇气，进而获取前进的动力。就像罗斯福那样，换一种角度去看待人生的失意与不幸，对生活时时怀一份感恩的心情，则能使自己永远保持健康的心态、完美的人格和进取的信念。感恩不纯粹是一种心理安慰，也不是对现实的逃避，更不是阿Q的精神胜利法。感恩，是一种歌唱生活的方式，它来自对生活的爱与希望。

在水中放进一块小小的明矾，就能沉淀所有的渣滓；如果在我们的心中培植一种感恩的思想，则可以沉淀许多的浮躁、不安，消融许多的不满与不幸。感恩，使生活变得更加美好。

感恩你的父母

有一篇文章叫《妈妈是一扇会老的门》时。原文是：

……环境在改变，有些人的价值观变了，有些人在环境的压力下变得没了信心，有些人用不诚实来保护自己的心……我才惊觉，自己不也是浪子吗？

直到此时，我回头看看我妈妈，才觉得妈妈是一扇门，一扇等儿子回家的门，一扇会老会长白头发的门，甚至笑起来现在是满脸皱纹的门。去年我写信给妹妹，告诉她现在陪妈妈上车时，妈妈弯下身进计程车的速度，比以前慢了 3 ~ 5 秒。有几回我在教会听妈妈司琴，妈妈甚至弹错了好几个音，但那些错乱的音符和变调的旋律，却是我最心疼最心疼的一段记忆了……

听说过一个很感人的故事，一位年轻人爱上了一个魔鬼化身的女孩，女孩对他说："你要真爱我就去把你娘的心挖来。"年轻人虽然爱娘，可在魔鬼的蛊惑之下就真的去和娘说了。娘什么都没说就同意了。年轻人捧着深爱他的娘的心奔向魔鬼恋人。路上，他摔了一跤，心掉在了路上，掉在地上的心说出了一句令人心碎的话："儿啊，你摔痛了吗？"

还有一个故事，那是在美国佛洛里达州有一个 20 多岁的男孩，在多年前，他跟他爸爸吵架，那天晚上他们吵得很厉害，他们吵得很凶，这个男孩子在最愤怒的时候离家出走了。在他走之前，他回头狠狠地告诉他父亲，他说我永远都不会回来，我恨你，不要再见你。就这样他离开了他父亲家。然而就在这星期六的晚上，他发现其实心里面还是真的爱他的父亲。所以下课以后他马上开车来到他父亲家。其实他跟他父亲住得很近，不过这几年他是真的没有再回去。当他站在父亲门口的时候，他的手发抖，他不敢敲门了，因为他不知道开门以后他父亲会不会欢迎他，他父亲还会不会恨他、气他。可是结果他还是敲门了，开门的正好是他父亲。当他看到他父亲的时候，他简直不敢相信自己的眼睛，因为他父亲已经老了很多很多，头发已经花白，脸色也很苍白，可是当他的父亲看见他的时候，他那疲倦的眼神突然间好像有点光泽，很高兴地就搂着儿子哭了。两个人就站在门口相互拥抱，其实过去这几年他父亲一直在想念他，盼他回来。他们两个人就在这房子里面相互要求对方原谅，也相互告诉对方这个时刻是这几年以来两个人最开心、最高兴的时刻。他们谈了很久很久，后来这个男孩看到他父亲很疲倦，所以他就告辞了，可是当他回到训练场地后不久。他的手机响起来，他接到的电话是一个很陌生的声音，是医院的医务人员打来的。他们说其实你的父亲病了很久了，在你离开他没多久，你父亲的病就发了，在送医院的途中去逝了。他临终前，在担架上面他不断要求我们，要我们打这个电话："告诉我儿子，我是真的很爱他，我不愿意告诉他我已经病了那么久了，我知道我要离开这个世界的时限已经很近了。可是当我看见他的时候，我不愿告诉他，因为这个时候是他最高兴的时候，我不要让他伤心。所以请你们帮我打这个电话告诉他。我不是有意想骗他、隐瞒他，只是我心里很爱他不想让他再一次伤心。所以请你们告诉他，无论我到哪里，在我心里面他是我最爱的一个人，永远永远都在我心里。"说完这段话他就去世了。

当这个男孩第二天回到这个课堂的时候，他要求这位导师，他说："请你把这个故事告诉所有人，无论你到哪里讲学，你都把这个故事帮我分享，因为我知道这个世界上没有几个人好像我那么幸运。因为我父亲离开我以前，我还有机会跟他说我爱他，并且我要求他原谅了我，我知道我父亲已经原谅了，如果我父亲在他去世之前，还不知道我那么爱他，我不知道他会以一个什么心情离开这个世界，可是我知道这个世界上有很多人还是很爱他身边的人，只是很固执，所以请你叫他们不要等，千万不要等，不要再错过了，时间过去了就不会再等你，人过世了不会回来。"

从小到大，父母亲也许打过你，骂过你；也许非常关心你，爱你，呵护你，也许父母亲没什么文化，只会用慈爱的目光给予你关怀和支持。你还能记得他们为你所做的那一切吗？

所以你在你的生活里面，你愿意原谅的，你就不要再等了，不要再错过了。不要再等了，爱你身边所有的人吧！放下书本，打几个电话，或用手机发些短信，或与身边的人做些沟通。

我们一定要明白一个道理，人活着不仅为自己，你的生命不属于你，是属于你的父母，属于你的亲人，属于你的孩子，你活着是一种责任，一种使命。

你要感谢父母，给予你生命，你要感谢他们把你养大，让你成才。

同样是父母所生、所养，同样是血肉之躯，可人家的父母早已穿金戴银，早已住上洋房，享受生活，可你父母有吗？同在一片蓝天下，你的生命到今天为止，你为他们带来什么？有没有因为你的存在，让他们幸福，更快乐？你的兄弟姐妹，你有没有为他们做点什么，有没有让他们以你为荣为傲。

感恩你的老板

人们可以为一个陌路人的点滴帮助而感激不尽，却无视朝夕相处的老板的种种恩惠。将一切视之为理所当然，视之为纯粹的商业交换关系，这是许多老板和员工之间矛盾紧张的原因之一。

事实也确实如此，很多时候，人们会说，老板对你好，是因为他希望你能够为他创造更多的价值，更多地去利用你——其实这无可厚非，世上任何事都是有因果的，就如别人对你好、帮助你，当然不会无缘无故，很多情况下是你有值得别人对你好、值得别人帮助你的地方。老板对我们的好，当然有“目的”——“目的”就是希望你更强，能够做更多的事情……而这又有什么不好呢，因为同时，你自己也变得更强，能够做更多的事，这是一个双赢的结果，我们又怎么能够因为“短浅”地认为“受利用”了而不愿意为自己、他人创造价值呢？为了计较短暂的得失而消极地看待、对待事情，是极不明智的做法，从经济博弈的观点来看，双方的对抗也是最不经济的做法。

曾记得还在学校学文献方面的课程时，老师就说过，一篇文献被人引用得越多，就说明这篇文献越有价值；人与物之间，很多东西是相通的，从这，我们可以类推出：在现实中，一个人的价值是体现在别人对自己的“利用”上，一个人被人“利用”得越多，也就体现了他自身价值越大！

世界有时是很现实、很经济的，但就是这么一个世界，一样能够发现许多许多美好的事物，更何况人与人之间呢？！我们毕竟是社会人，应该明白在外打份工都不容易，茫茫人海能在一起共事也是一种缘分，多站在对方立场上为对方想一想，多理解一下对方的处境，你还会认为和老板的关系仅仅是赤裸裸的经济利益关系么？！

也许，我们有时缺乏的就是感恩，在任何时候我们都要怀着一颗感恩的心。学会去感恩，你就会能够发现在生活中更多的快乐。学会感恩，你会发现，这个世界真的很可爱……

感恩你自己

现在我还想跟你说一个人，这个人跟你有一个很密切的关系，可以说是永远都分不开的，他每天都跟你在一起，他跟你一起上班，一起下班，一起看书，一起学习，一起看电影，一起逛街，一起睡觉，一起上厕所，也一起来到这里。没错，我说的那个就是你自己，可是对于那么重要的一个人，你对他的要求就特别多，你很少欣赏他，只是拼命要求他多做一点，可是往往你都不会给他赞美，很多时候你都会冷落这个人，可是一直对于你来讲，那么重要的一个人，你怎么不会去爱护他呢？现在请用你的双手把你自己紧紧地拥抱住，紧紧拥抱你自己的身体。因为你已经很久没有去拥抱这个人，去用你的双手紧紧地拥抱你自己。

你根本不需要去寻找别的英雄，因为这个英雄一早就存在你心里面，这个答案一早就锁在你的心中，而你所有的忧伤、恐惧都完全可以因为这个英雄而消失，就是因为这个英雄，他拥有的力量，他可以排除所有的恐惧，而且知道你完全可以活得精彩。所以当你感到绝望、徬惶，你只需要在你心里面找一找，这个英雄一早就在你心里面，他也是你最好最好的朋友，在这个漫漫长夜的人生路上，很多时候都好像没有人帮你忙，帮你一把，可是你终归是可以找到爱的，你只要在你心里面去找一找，所有的空虚、寂寞都会烟消云散，就是因为这个长伴你身边的英雄，这个朋友，去陪着你走这条人生漫漫长路。

宽容是脱离烦扰的法宝

人生百态，万事万物难免都能够顺心如意，无名火与萎靡颓废常相伴而生，宽容是脱离种种烦扰，减轻心理压力的法宝。但宽容并不是逃避，他是豁达与睿智的。

相传古代有位老禅师，一日晚在禅院里散步，突见墙角边有一张椅子，他一看便知有位出家人违犯寺规越墙出去遛达了。老禅师也不声张，走到墙边，移开椅子，就地而蹲。少顷，果真有一小和尚翻墙，黑暗中踩着老禅师的背脊跳进了院子。当他双脚着地时，才发觉刚才踏的不是椅子，而是自己的师傅。小和尚顿时惊慌失措，张口结舌。但出乎小和尚意料的是师傅并没有厉声责备他，只是以平静的语调说：“夜深天凉，快去多穿一件衣服。”

老禅师宽容了他的弟子。他知道，宽容是一种无声的教育。

宽容的美丽

“一只脚踩扁了紫罗兰，它却把香留在那脚跟上，这就是宽容。”看到含义如此隽永而富有诗意的句子，谁能不被深深地打动。原来有关宽容的诠释可以这样优美而令人感动。

上苍造物，何等超绝，在赋予生命的同时，也赋予了一颗宽恕包容之心，就像那紫罗兰，从不拿别人的缺点惩罚自己。人生的际遇，从来都不会一帆风顺，总会有各种各样意想不到的遭遇，逢坎坷不颓废，遇泥泞不骂娘。时时处处都秉持一颗宽恕包容之心。你就可以随时随地获得快乐。

有一位名厨曾有名言说：“在这个世界上，无论你怎样努力，都不可能合每一个人的胃口。”厨艺如此，做人亦然。站在自己的立场上，别人未必都合自己的胃口，而站在别人的立场上，你又何尝能符合每个人的胃口？这样看来，做人就应该存宽恕包容之心。也难怪孔子会说："己所不欲，勿施于人。"他讲的就是恕道啊。

古人云："壁立千仞，无欲则刚，海纳百川，有容乃大。"我们说，一个懂得宽容之道的人，他的天地一定广阔；一个懂得宽容之道的人，他的精神一定充实；一个懂得宽容之道的人，他的心灵一定纯洁；一个懂得宽容之道的人，他的灵魂一定美丽。

对人要宽宏大量

爱和怨在日常生活中往往同时存在、形影不离。有时，夫妻间爱得真挚，便恨得痛切；有时，误解突生遂势不两立，误解一释，便和好如初。情人怨所爱的人陡生恶习，慈母恨孩子久不成材，此怨此恨中正包含着深切感人的爱。

一个宽宏大量的人，他的爱心往往多于怨恨；他乐观、愉快、豁达、忍让，而不悲伤、消沉、焦躁、恼怒；他对自己伴侣和亲友的不足处，以爱心劝慰，述之以理，动之以情，使听者动心，感佩，尊从，这样，他们之间就不会存在感情上的隔阂，行动上的对立，心理上的怨恨。

然而，在日常生活中，令人烦恼的事情时有发生。有时，不管你愿不愿意，它都会突现在你面前，给你心中留下哪怕是短暂的印象，使你感到不快、厌烦；有时，一些重大的事情突然发生了，这就可能在你的心灵深处造成重创，甚至威胁你的生活。而造成这些灾难性事件的人，如果正是与你朝夕相处的人，你该如何对待他呢？

谅解和友谊有两个男孩子，从小学到高中不仅在一个学校里，而且在同一个班里。俩人情同手足胜似手足，终日相处形影不离。他俩都是独生子，很得家长的喜爱。

一个星期天的清晨，他俩相约到海边游泳。夏日的海滨，细细白沙柔软而蓬松，蓝蓝的海水不断地轻轻亲吻着他们的脚背，吸引他们恨不得一下子投向大海的怀抱中。这对年轻好胜的小伙子互相比赛着向深处游去。突然，风云骤变，阳光隐没在厚厚的云层里，那碧绿的海水顿时变得混沌暗黑。不一会儿，暴风雨便如同瀑布似的铺天盖地倾泻下来，狂怒的海水发出呼呼巨响。

这两个小伙子在滔天的白浪中与危险苦苦地搏斗着，他们刚刚游在一起，就被一层巨浪分开了。他们高声喊叫着，竭力保持联系，同时，拼命往岸上游去。风越来越大，浪越来越高了，海浪时而像无数隆起的小山，把他们抛向高空，时而又如凹下去的狭谷，使他们掉进无底的深渊。啊，一个小伙子仍在高叫着同伴的名字，却怎么不见回音？他心急如焚，拼命向同伴那里游去。人不见了！他不顾一切地喊叫着，寻找着，直到凶猛的巨浪把他打昏。

当他醒来时，发现自己躺在医院的病床上，他得到的第一个消息就是好友不幸溺水身亡。后来，他伤愈出院了，但他心中的忧患却日渐加剧。是他主动找好友去游泳的，是他没把好友抢救出来。他失魂落魄地终日在海边徘徊，向着一望无垠的大海轻轻呼唤着好友的名字，但是只有那阵阵涛声作答。

他来到好友家里，请求伯母的宽恕。那失去独子的母亲悲痛欲绝，终日以泪洗面，无暇顾他。他每次都怀着一颗负疚的心情悻悻而去。

这种痛苦的心绪一直伴随着他离开校门，走上了社会；为亡友而产生的伤感也注满了他的新房，甚至在蜜月中也不时地影响到新婚的热烈气氛，这使新娘惊诧不解、思绪万千。她看到丈夫总爱在海边定睛伫立、神不守舍，便生气道："你总来海边，那你就去跟大海一块过日子吧！"一气之下，便离家而去了。妻子的离去，使他陷进了更大的苦恼之中。

一天，有人轻轻地敲他的房门。来了两个人，一位站在门外，另一位妇人进来，轻吻了他的额头，亲切地说："孩子，还认得我吗？"他抬头一看，来的正是他亡友的母亲。"伯母，想不到是您来了！"他惊喜地扑上去。妇人亲切地抚摩着他的头发说："我的孩子，过去了的事情就让它过去吧！我曾经对你也不够冷静，请你多多原谅！"说着，两行晶莹的泪水无声地流淌在她那苍白的面颊上。"伯母！我的好妈妈！"他再也忍不住了，痛悔和欢喜的泪水尽情地涌出。然而，这已不再是难过的泪水，而是互相谅解的热泪。她冷静了一下，说："我今天来，是想对你说，我从你身上看到我的孩子还活着。你为他倾注了自己的哀思，我从你的情感中感受到人生的欢乐。让我们互相谅解吧，让我们如同一家人那样互相体恤吧。我从你妻子那里了解了你的感情，我觉得你是可敬的。但是，我与你、她与你之间还缺乏谅解的精神；现在，我把她找来了，愿你们永远相互体谅，互敬互爱，白头偕老吧！”

从此，他心头的忧虑消除了，小夫妻俩和好如初，相亲相爱，他们还把亡友之母接来同住。生活中，谅解可以产生奇迹，谅解可以挽回感情上的损失，谅解犹如一个火把，能照亮由焦躁、怨恨和复仇心理铺就的道路。

一位新婚不久的新娘突然在新郎的口袋里发现了一封情书，阅后，顿时暴跳如雷、火冒三丈，她感到天昏地暗，心如刀绞，痛不欲生。她感到她们新婚家庭就要完结、消失了。她久久地呆坐在门口椅子上，心中对“背叛了的丈夫”恨得咬牙切齿。他终于出现在她面前了，她立刻如同一枚炸弹似的在他眼前轰然炸开了，她捶胸顿足，号啕大哭，厮打斥骂他。他显然是十分尴尬难堪的。他涨红了脸，竭力使她镇静。待她的怒气稍微缓和些了，他请她坐在床边，冷静地对她说：“亲爱的，请你相信我对你的忠贞吧，我发誓，我对你毫无二心！”“那这封信到底是怎么回事儿？！”“这正是我要向你解释的。这位姑娘是我原来大学里的同学，她曾经向我提出结婚，被我拒绝了。现在，她不知怎么知道了我们已结婚了；她气极败坏，于是给我写了这封信，她怀着一颗嫉恨之心，采取了写情书的方式，企图来搅乱我们平静如水的幸福生活，这是什么情书？只不过是一出恶作剧而已！而你却信以为真了。请原谅我吧，亲爱的，我不该对你隐瞒了此事。不过你使我看到了你的诚挚的爱，我也希望能看到你的谅解之心。”说完，新郎拉起了她的手，把一封短信塞在她的手里，说：“这是我给她的回信，请看吧。”这封早就写好的短信的字里行间，充满了他对自己妻子的深情厚意和对新婚欢乐的盛情赞颂。妻子明白了一切，她把这封短信贴在心口上，转怒为喜，转喜为嗔，幸福的笑意又回到了她的嘴边。

人生在召唤谅解的作用，还在于它能唤起失望者对人生的向往和留恋，它可以促使犯错误甚至犯罪的人改邪归正，重新做人。

有一个工人由于在生产的关键时刻，意志不坚，马虎从事，造成重大责任事故，被捕入狱了。在狱中，他受到了应有的惩罚。他后悔莫及，但没有消沉，反而认清了责任，增强了自信心。快要出狱的前夕，他给厂长写了封信，信中说："我认清了自己的罪过，很对不起大家。我即将出狱重新开始生活了，我将在后天乘火车路过咱们厂。作为工厂原来的职工，我恳切请求您和大家接受我这颗悔过之心。如能偿此愿，敬请您在我路过工厂所在车站时，扬起一面旗子，我将见旗下车；否则，我将去火车载我去的任何地方……"他终于出狱了，带着一颗痛悔的心，张着一双迷惘的眼睛。临近车站了，他微微闭上双目，默默地为命运祈祷。他睁开双眼，啊，他看到了什么？莫不是眼花了不成。他使劲揉了揉两眼，看见车站上一些人手里擎着各种彩旗，是他们，工友们在高声呼唤着他的名字。他们那亲切的声音唤起了他强烈的生活欲望和信心。他没等车停稳，便泪流满面地投入到人群之中了。后来，他变成了一个优秀的工人。

谅解也是一种勉励、启迪、指引，它能催人弃恶从善，使歧路人走入正轨，发挥他们的潜力。

宽容是一种品质

环境可以改变人，这话一点都不假。在现代社会的忙忙碌碌中，有的人可能变得人不人鬼不鬼，有的人则越来越从善如流。常常被经历的一些人和事影响着。受之感染，越来越觉得宽容是一种难得的品质。不论曾经是否一帆风顺，人在旅途总要碰到一些委屈和不公。先前还愤世嫉俗，疾恶如仇，现在觉得与其那样，不如宽容。

真的，当把眼光调到宽容这个角度后，你会发现，所有的人都是温和的，世间少了好多虚伪和欺诈。

或许有人会说这是自我愚昧和自我欺骗。其实不然。你可以试着把自己当作你所恼恨的人，站在他那个位置想想，或许你会得出这样一种答案：如果我是他，可能我做得还不如他。

在这世上，每个人过得都很不容易，尤其是为人处世原则有很大差异情况下，各有各的活法，各有各的原则，你不想为别人改变，更不可能改变别人。每个人的世界，都有每个人的辛酸和苦楚。不是同类人是无法体会得到的。

所以常常有“物以类聚，人以群分”之说。

既然存在，自有他存在的道理。

因此，我们没有理由用挑剔甚至否定的眼光去评判别人。能做得或许是不予理会，但我认为最好是接纳和宽容，哪怕他曾经伤害过你。

有了这样的心态，心里就会充满欣赏和感恩，眼光会变得柔和，周围也会因这样的积极态度而变得轻松和欢快。

热情洋溢让你的生命更美好

热情创造奇迹，不奔波就好像没有活着。

热情促使人积极行动，热情带来速度和效率。

热情让人专注，专注令人狂热与沉迷，热情带你进入迷醉的境界。

热情是一种积极心态，心态决定人生。积极心态给很多人的命运带来转机。

怎样运用热情呢？哪些方面需要热情呢？

其实，做任何事、任何方面都需要热情。

譬如：家庭——现代家庭容易丧失热情，但实际上，家庭是生命中最真实丰盈的宝藏，我们需要真心将家庭放在第一位。

工作和事业——对工作和事业充满热情的人具有无限的力量，他对自己的工作有着无限的热爱和狂热的专注，在自我激励下不断取得成功。

社交——热情能感动人，有助于事业的成功。

学习——我们需要终生学习，需要足够的知识和不断更新的知识面对工作和生活。我们要成为世界级的角逐者。从不停止向别人学习。所以我们要时刻充满热情去学习。学习一切。

热忱者永不言败。我们要成为热情的人！

热情使愿望燃烧

人人都有一定的愿望，有的愿望热得发烫，而有的愿望冷冰冰的。要能够成功，必须使愿望充分燃烧，只有充分燃烧的愿望才可能实现，而燃烧愿望的就是热情。如果人们对愿望有强烈的渴望，有高度的热情，一门心思地去追逐愿望，有“衣带渐宽终不悔，为伊消得人憔悴”的热情，那么愿望一定会实现。高度的热情会使人的潜能得到充分的燃烧，从而使人的能力得到极大的发挥。在热情燃烧之下，人们会以无所畏惧、勇往直前的精神，去追逐自己的目标，实现自己的愿望。

人们一定要对生活有高度的热情，这样才会把愿望点燃，实现目标。

热情——成功的基因

热情可以说是一切成功的基因。一个人如果对人生、对工作、对事情、对朋友、对事业没有热情，那我看他一定不会有大的作为。正如爱迪生所言：热情是能量，没有热情，任何伟大的事情都不能完成。年轻人为什么说是社会未来，那就是因为他们有热情。对自已的未来有热情，对社会的未来有热情，对社会的变革、对工作的革新、对生活的提高有热情。热情像一股神奇的力量，吸引着他们。世界上的一切，都在热忱的年轻人的手上。

其实，一个人热情与否意味着我们是否能被别人喜爱和接受。这一品质影响着我们的工作和生活的每一个方面。热情不仅有助于你在事业中的形象，还让你体验生活的美妙情节。如果你多多留心观察身边的人，那些幸福的人都是充满热情、愉快人、笑口常开。他们都是性格开朗、乐于助人。而缺乏热情的人真正的不幸是关闭了工作和生活中幸运的大门。热情的人总是面对朝阳，远离黑暗，不怕困难，即使是危险之际，他们也总是能转危为安。热情像是真、善、美的使者，也像一只吉祥的鸟儿，传递给人们幸运的福音。

热情的源泉来自于对工作、对生活的热爱，对朋友、对家人、对社会、对同事的热爱和依赖。为此，我总是对我的同事们讲：爱是一切动力的源泉。受可以改变一切，爱是热情之母。让我们用积极、博爱和宽容的态度去面对社会，面对工作和生活，这样你周围的人就能体会到你的热情。那你的热情将会引领你走向成功。热情是成功之母，成功者一定充满热情，而失败者一定是丧失热情。有热情不一定成功，而缺乏热情那一定不会成功！

生活需要热情

生活的路很漫长，也很艰辛。在这条坎坷的道路上，多少人毫不回头，把痛苦和失意的脚印丢在身后。平淡的日子是生命走在时间隧道上的一道深深浅浅的印痕，它带给人一份微不足道的满足与欢愉。

走在时间的大道上，偶尔拾起一枚小小的石子投向岁月的河心，溅起一圈涟漪。无知的日子总会给平淡的生活注入些苦涩，让岁月的笑颜渐渐苍白，让人不愿再回首它昔日的动人，唯恐触及心灵深处隐隐作痛的伤痕。不愿长大，是因为不愿让心里的真变为假；多愁善感，是因为生命的美丽也有孤独。多少次，在林立的高楼下，我发现了自己的渺小和无助。虽曾失败，也曾跌倒，但心中也应负起生活的责任——跌倒了爬起来。

生活在这轮回的岁月中，难免会褪去鲜艳的颜色，剩下的只是一份责任，一份时时刻刻铭记在心的重任。即有再多委屈和烦恼，也要用真的笑脸对所爱你的人，让他们开心。要得到别人的爱，就得让自己先献出爱。用自己的爱去关心和惦记别人，是生活的一份责任。

生活需要热情的追求，也需要热情的滋润。要是人人都有一颗高度的宽恕之心；要是人人都以热情相待，那该有多好，生活就不会有闷闷不乐的一天。了当被误解困扰时，应先从自己身上找原因，再开诚布公地解释，将心比心，误解很快就会消失了。多一份宽恕，能少一份误解。

在百般寂寥的夜晚，晚风带来一丝窗外的清新；抑或在秋日的午后，一片落叶轻盈地飘进我的窗棂。这些平凡无奇的瞬间，曾给我们多少莫名的欢愉，多少晴朗的思念。带着生活的责任，静看一朝一夕的生命，仿佛那便是一种岁月。简单的逻辑，古朴而沧桑，静静地穿梭在欢笑和悲伤中，不留下任何足迹。潇洒地跟往事挥手，露出微笑，塑造一个崭新的自我，你会发现，生活又是绚丽多彩。

生活中，让我们负起责任，活得更出色！

人生需要一点疯狂

19 世纪晚期，一个响亮的声音在欧洲的上空回响：

“我是什么？我是一颗炸弹，一道闪电，现在我要爆炸，我要闪光，我要惊醒人们的迷梦，就要震颤人们的心灵。……现在我要向世人郑重宣告：‘上帝死了’！上帝为什么会死？因为我——尼采的存在！从此以后，人类的历史不再划分为 B · C 和 A · C——公元前的世纪和公元之后的世纪，人们将会说B·N和A·N——尼采以前的蒙昧时代和尼采以后的启蒙时代。尼采——这个光辉、令人颤栗的名字，将取代上帝的名字而铭记在人们的心里。”这是何等狂妄的口气！像个疯子？

他是有些疯狂，可是他成就了自己的成就。

他曾经预言：“总有一天，我会如愿以偿，这将是很远的一天。我本人已看不到了，但那时候人们会打开我的书，惊叹我的思想，我会有众多读者。”他还十分自信地说道：“人们将会赞叹：‘他为什么能写出如此杰出的著作！’”。

尼采四处漂泊，一生承受着孤独，他讲“孤独是天才的命运，是强者的伴侣”。他实践了自己的哲学。

人就是要疯狂一点，设置一些疯狂的目标，来激发自己的潜能。焕发出最大的热情。来投入你极大的精力。唤醒无限的智慧。

人要疯狂一点，不要作别人眼中的乖孩子，让你的疯狂来充分燃烧你生命的潜能，把生命的潜能化作无穷的财富和成就，没有疯狂，你就不可能做到这一点。

山西青年农民朱朝辉驾驶摩托车飞跃黄河，成为亚洲的第一飞人。这一成就，就是疯狂的结果。看到柯受良驾驶汽车飞跃黄河，他就萌发了驾驶摩托飞跃黄河的梦想。就是这一疯狂的梦想唤起了他无限的潜能，从一个对飞跃技术一窍不通的青年，而成为亚洲第一飞人。这是疯狂，没有这种疯狂，就没有伟大的成就。

人们的的确确需要疯狂！

如何使热情高涨

热情是一个十分重要的因素，对于创造性活动显得尤为重要。创造性活动需要热情、高度注意力、专注。热情不应衰退，而应越来越高涨，越来越旺，甚至达到疯狂。没有热情的充分燃烧，人的精力就会衰退，人的灵感就会枯竭，就不会产生出新的想法、新的思绪和不懈的努力。这样，根本就谈不上创新性。

如何来保证自己有不断燃烧、而且越烧越旺的热情呢？除了有绝对的信心作为支持之外，还必须有以下几点：

1. 对目标的强烈渴望

在内心深处，要强烈渴望实现目标，这样才会不断地努力，以高昂的热情向目标迈进。目标产生了强大的吸引力，目标对人有强大的召唤作用。

2. 目标要有很大的价值

人的活动是以价值为导向的。目标要有吸引力，要能激发人的热情，就必须有较大价值。这样，人们才会值得去为这一目标而努力，而奋斗。如果目标缺乏较大的价值，人们就很难有热情来投入这一目标。

3. 目标一定要具体、明确

只有具体、明确的目标，人们才会知道该朝什么方向努力，才知道该干什么，才知道自己干的程度，才知道自己干的标准。人们对自己的所作所为既有方向，又有要求，可以操作，可以检查，这样才会继续努力，才不致热情衰退。通过自我检查，自我评估，可以对自己有明确、清晰的评判。干得好，工作进度大，自己得到鼓励更加努力，干得不好，工作进度不大，自我得到鞭策，会发愤图强，自加压力。目标不具体、不明确，人们工作起来很茫然，找不到着力点，有力使不上，有力不知该往哪里使。目标不可捉摸，热情缺乏对象，热情就会衰退。有时，我们干一件事情，热情很高，热情几乎燃烧了整个身体，就好像森林中的大火，越烧越大，越烧越旺，有一发而不可收之势。而有时我们干另外一件事，在主观上尽管利用意志来强迫自己的思绪，注意力朝所要思考的问题上努力，但我们总会发现思想很难集中，缺乏热情，工作缺乏效率，心情也不愉快，这与目标的不明确、不具体，没有细分等有关。

4. 目标一定要简单

有些目标很大、很复杂，难度较大，如果不加以分解，分解成许多小的简单、容易的部分，人们往往是老虎吃天，无处下爪，时间一天天过去，问题仍然是一锅粥，一团麻，没有丝毫的头绪，没有任何的进展，热情必然衰减。

5. 要对目标有足够的耐心

有许多人，选择一个目标，干一段时间，又发现另外一个目标或者认为自己所干的目标意义不大，价值不大，又寻找另外的目标。站这山望那山高，挑三拣四，挑肥拣瘦，不知道到底该做什么，白白地浪费了宝贵的光阴，一件事情不能很好地深入下去，浅尝辄止。对一件事情经常是三分钟的热度，缺乏足够的耐心。干事情总是浮在表面上，好高骛远，不切实际。对事情想得太简单，想得太美好，幻想一夜成名。总觉得这也没意思，那也没意思，只想大的，不愿干小的。不知道大事出于小事的道理。只想干惊天地、泣鬼神之英雄壮举，只想一夜成名，一日暴富。对许多事情缺乏耐心，缺乏热情，提不起兴趣。这是相当一些人失败的原因。创新犹如星星之火点燃大兴安岭的森林，这就是热情的高涨，甚至发疯。星星之火与无穷的财富、无穷的智慧产生共鸣，引发了无穷的财富，无穷的智慧。人的财富，人的智慧是无限的，关键是要有星星之火来点燃。

毅力是漂越苦海的舟楫

想在这个世界留下值得让人怀念的事迹，那就非得有毅力不可。毅力能够决定我们在面对困难、失败、诱惑时的态度，看看我们是倒了下去还是屹立不动。如果你想减轻体重、如果你想重振事业、如果你想把任何事做好，单单靠着“一时的热劲”是不成的，你一定得具备毅力方能成事，因为那是你产生行动的动力源头，能把你推向任何想追求的目标。具备毅力的人，他的行动必然前后一致，不达目标绝不罢休。只要你有毅力，就能够做成任何大事；反之，缺了毅力，你就注定失败和失望。一个人之所以敢于冒险去做任何事情，凭的就是他们的勇气，而勇气则源生于毅力。一个人做事的态度是勇往直前或是半途而废，就看他们是否时常练习他的毅力“情绪肌肉”。埋着头硬干不表示就是有毅力，必得能察看出实际情况的变化，并不失时机地改变自己的做法。

距黄金三英尺

拿破伦·希尔在《智慧与财富》一书中，讲了一个真实的故事。在那个淘金的年代，有一个美国人是个“金子”迷。他跑到美国西部去挖金，去发财。他立下界标，拿着镐和铁锹不停地挖着。

挖了几个星期以后，他发现了闪闪发光的矿石，他需要机器将矿石弄出来。他筹集资金，买了机器。开采出的第一车矿石被运到一个冶炼厂。结果证实他拥有科罗拉多地区最大的金矿之一。只用几车矿石就把债务还清了，后来他们还赚了一笔钱。

钻机下井了，他的希望不断地上升！一件不幸的事情发生了。金矿的矿脉消失了，他们的幻想也随之结束，金矿已不复存在。他们还不停地钻探，不顾一切地试图重新找到矿脉——一切徒劳。

他们将机器卖给了一个废旧品商人，作价几百美元，然后乘火车回家。废旧品商人请来一名采矿工程师观看矿井，做了些简单的计算，工程师说工程失败是因为主人不熟悉断层线。他的计算显示脉矿在距停止钻探三英尺的地方。

这位废旧品商人用这个矿井换来了数百万美元，因为他懂得在放弃之前再坚持一下，听取专家的意见。

一个人毅力越大，其成功的机会越大。有些人具有特别顽强的毅力，他们会向他们的目标进行坚定不解的努力，百折不挠，能够承受各种考验，直至实现其目标。

每个人都渴望成功，为成功而拼搏，就像攀登一个很高的山峰。道路是崎岖而漫长的，更隐藏着无数的玄机，虎视眈眈地盯着你，他们会向你扑来，而你用什么去对付他们呢？用你随身带着或在路上得到的法宝。这些法宝是多姿多彩的，有勤奋，有谦虚，有自信等等。其中有一件熠熠闪光的，那便是毅力。

毅力并非与生俱来，也不会随随便便地生产。无缘无故呆坐在那半天，与其说是锻炼毅力，不如说是浪费光阴。没有理想和目标的蛮干是盲目的。要实现远大的理想，走上成功的道路，就必须使你增强毅力。没有毅力，理想无法实现，成功无法呈现；没有理想，毅力是无从产生的。毅力、理想和成功的关系是相交的、密切的。

或许你正在向你成功努力迈进，那么运用你的毅力吧。这法宝可以推动你奋勇前进，帮助你战胜一切问题。切记：顽强的毅力可以征服世界上任何一座高峰！

毅力的培养

毅力是一个心理因素，毅力的培养可以从以下几个方面进行：

1. 坚定的信心，产生毅力

一个人对自己的事业充满信心，就会努力奋斗，不顾暂时遇到的困难、挫折和失败。他会积极地克服困难，战胜失败。这是信心在其中所起的作用。因此要有毅力，一定要培养信心，若信心不足，遇到困难、挫折和失败，就很容易退缩。

2. 强烈的愿望，产生毅力

愿望是人们行动的出发点，一切活动都发源于愿望。愿望有强有弱，弱小的愿望很容易为生活的风浪所熄灭，行动没有毅力。强烈的愿望则能抵挡生活的风浪，没有什么风浪可以熄灭它们，除非生命结束。“生命不息，冲锋不止”，“我尚能生存，我当然要学习”，“舍得一身剐，敢把皇帝拉下马”，这些都是强烈的愿望。

因此，顽强的毅力是与强烈的愿望联系在一起的。要成功，必须有强烈的成功愿望；要发财，必须有强烈的财富愿望，这样行动才会产生极大的毅力。

3. 明确的目标，有助于产生顽强的毅力

目标明确，人们的行动才会有方向，目标才会产生强大而又稳定的吸引力。

有些人虽然有财富的愿望，成就的愿望，但缺乏明确的目标来表达这种愿望，体现这种愿望，从而不能产生有效的吸引力，不能使思想、行动集中在固定的目标上，工作的效率很低，时间一长，很容易使人们丧失毅力，丧失信心。明确、具体的目标，使人们的毅力大为增加，这主要是由行动的效率和目标的吸引力而产生。

另外，目标的价值大小，对毅力也很有关系。有的目标价值不大，甚至没有价值，人们就不可能有太大的心情、热情去做这件事。因此，对这样的事情也就很难有毅力。人们在做一件事情之前，一定要清楚一件事情价值的有无、大小。必须选择那些有价值，并且价值大，且有长远价值的事情。这样，人们才会对目标有热情，从而保证有毅力。有人对所确立的目标价值估计不足，匆忙干一件事情，但在干的过程中，却对所做的事情的价值产生怀疑，热情降低，精力不集中，思想不专注，工作深入不下去，没有太大进展，对完成这件事情没有足够的毅力。

4. 有组织的计划，可以产生毅力

只有对目标制定出实施计划，人们才能按照计划行动，否则，对于目标，人们仍然是茫然的，是老虎吃天，无处下爪。有了计划，人们就会按照计划，先干什么，后干什么，在什么时间干什么事情。一切经过精心地计划，就会心中有数，有条不紊。工作才会有效率，人们才会对所干的事情有信心、有毅力。

5. 积极行动，产生毅力

有了计划，人们就要积极行动，这就犹如登山，不要站着不动，不要为眼前的高山所吓倒，唯一可能做的事情是在选择如登山路经之后，就立即行动，只有行动才能缩短攀登着与山顶的距离。多走一步，就会多一份信心，就会多产生一份毅力。对待行动，要持这样一种心态，多走一步，就多一份成功的机会。因此，行动，不停地行动，这是最佳的选择。终日所思，不如一时所做。

6. 克服消极的心理因素，来保证毅力

许多人很容易受消极心理因素的影响，如害怕失败带来财产的损失，害怕别人的批评。这些消极的心理因素会损害人们的毅力，使人们不再对他们的目标投入金钱、热情、精力、时间，甚至半途而废。

要努力克服消极心理因素，在这方面，可以与赞同自己的朋友结成同盟，来鼓励自己的积极心理，特别是信心，激发自己对目标的热情，保证自己有足够的毅力来实现目标。

对毅力的培养，特别要注意习惯。在平常的生活中，要养成良好的习惯；一旦良好的习惯成为潜意识中的东西，那么，一切将出乎于心，出乎于自然，不会因为对目标的坚持不懈，而需要特别坚强的意志，忍受内心的煎熬。

总之，毅力是许多心理因素共同作用的结果，这些因素包括愿望、信心，明确的目标，有组织计划，行动、习惯、人生观等，任何一个环节做不好，都会影响毅力。毅力的强弱很大程度上决定了能否成功。

弯曲是一种生活的艺术

要保证任何一件事能够成功，保持弹性的做事方法是绝不可少。要你选择弹性，其实也就是要你选择快乐，在每个人的人生中，都必须会遇到诸多无法控制的事情，然而只要你的想法和行动能保持弹性，那么人生就能永葆成功，更别提生活会过得多快乐了。芦苇就是因为能弯下身，所以才能在狂风肆虐下生存，而榆树就是想一直挺着腰杆，结果为狂风吹打。

弹性生存

加拿大魁北克有一条南北走向的山谷。山谷没有什么特别之处，唯一能引人注意的是它的西坡长满松、柏、女贞等树，而东坡却只有雪松。

这一奇异景色之谜，许多人不知所以，然而揭开这个谜的，竟是一对夫妇。

那是 1993 年的冬天，这对夫妇的婚姻正濒于破裂的边缘，为了找回昔日的爱情，他们打算做一次浪漫之旅，如果能找回就继续生活，否则就友好分手。他们来到这个山谷的时候，下起了大雪，他们支起帐篷，望着满天飞舞的大雪，发现由于特殊的风向，东坡的雪总比西坡的大且密。不一会儿，雪松上就落了厚厚的一层雪。不过当雪积到一定程度，雪松那富有弹性的枝丫就会向下弯曲，直到雪从枝上滑落。这样反复地积，反复地积，反复地弯，反复地落，雪松完好无损。可其他的树，却因没有这个本领，树枝被压断了。

妻子发现了这一景观，对丈夫说："东坡肯定也长过杂树，只是不会弯曲才被大雪摧毁了。"

少顷，两人突然明白了什么，拥抱在一起。

生活中我们承受着来自各方面的压力，积累着终将让我们难以承受。这时候，我们需要像雪松那样弯下身来。释下重负，才能够重新挺立，避免压断的结局。

弯曲，并不是低头或失败，而是一种弹性的生存方式，是一种生活的艺术。

有一种美丽叫作“退”

曾读过一个故事：一个欧洲商人在太平洋的一座小岛上发现一个老者手编的草帽很漂亮，每只售价 20 比索。商人想倒一些到欧洲去卖，便问老者：如果一次买一万顶，每顶可以便宜多少？老者却答：每顶还要多加 10 比索，因为编一万顶相同的帽子会让我乏味而死。

我真是爱极了这个老人，他用近乎天籁的声音，对自以为是的商业法则说了一声“不”。

有一种人，他们取舍生活的主要依据不是得与失，甚至不是世俗意义上的对与错，人生指南里只有美与丑、泪水或者麻木之类的路标，他们不一定能抵达所谓的成功，但胸腔里永远装满了感动与幸福。

他们和人群最大的区别在于：人们习惯于用大脑指导人生，而他们，更喜欢用心脏生活。

约翰·洛克菲勒是美孚石油的创始人。他的名望不光是钱财，还包括健康与长寿。

洛克菲勒早年孱弱多病，后来变得身体健康，心胸豁达，颇具传奇性。这其中适时而“退”帮了他的大忙。他也因这一“退”，退出了人生的另一道风景。

与众多创业者一样，洛克菲勒经历了许多艰辛。身心都做了超前的付出，使他 52 岁时就身患多种疾病，无力正常工作。是继续“搏”还是马上“退”？在权衡利弊之后，洛克菲勒听从医生的忠告，选择了后者。他给自己重新定位，调整了与公司间的关系，随后到大自然中静心颐养，逐渐恢复了健康，一直活到 92 岁才去世。谈到“退”，洛克菲勒感受颇多，认为这是他人生的转折和生命的重新开始。

在人的一生中，要面临诸多“搏”与“退”的选择。怎样跨过这道坎，关键在于量力而行。如果精力确实不济，那就不妨学一学洛克菲勒。也许你才华横溢，退下来，心不甘，情不愿，但你要记住，世界上有两种东西最宝贵：一是青春；二是健康。如果说前者没法留住，后者却有自己把握的余地。

“退”能让你品味到生活的芬芳，每一天都变得阳光灿烂，有滋有味……

自尊的弹性

现在社会中，我们谈事事时，都要谈到一个度的问题，今天提到自尊，也是如此。打个比方，我们在学物理时，老师曾讲到了弹性：任何具有弹性的物体，都要有一个弹性区间，无论伸张或是压缩，都要在此区间之内，否则我们看到的只会是变形吧！在心理学中，我们把自尊定义为一种精神需要，也就是人格的内核。维护自尊是人的本能和天性，当然这里也要有一个度，一个弹性的区间。为人处事若毫无自尊，脸皮太厚，不行；反过来，自尊过盛，脸皮太薄，也不好。正确的原则是：从实际的需要出发，让自尊心保持一定的弹性。

谈到自尊，从思想上认清自尊的需要和交际的需要，辨清两者之间的关系是非常重要的。过于自尊的人，总是把自尊看得很重，这时请你把看问题的立足点变一下，不要光想着自己的面子，还要看到比这更重要的东西，比如事业、工作、友谊等。还要提醒你一点的是，要坚持把实现实际的宗旨看得高于自尊，让自尊服从交际的需要。这样你对自尊才会有自控力，即使受到刺激，也不至于脸红心跳，甚至可以不急不恼，哈哈一笑，照样与对手周旋，表现出办不成事决不罢休的姿态，成为交际的赢家。

在交际过程中，审时度势，准确地把握自尊的弹性，才会达到最佳的交际效果。想一想，我们是否要注意以下几点：

（1）在交际场上受到冷遇时，你的自尊心会面临着挑战，这时的你千万别发作，不妨多想一想你的使命、职责，为了完成任务，迅速加大自尊的承受力度。

（2）满心希望他人肯定你花了很大的心血做的那件自认为很不错的事情，偏偏得到的是全盘否定。这时的你肯定会受到强烈的刺激，但为了挽回面子，进行辩解、反驳，甚至是争吵。这就大错特错了。因为这样维护自尊、面子，只会使事情更糟，倒不如接受这个事实，效果可能更好一些。

（3）当你受到批评时，特别是当众挨批评更是难为情，自尊心一定受不了。此时的你要对批评能够正确理解，应采取虚心的态度，这不但不会丢面子，反而会改变他人的看法，给对方留下一个好印象。有时，批评的内容不实，有些偏颇，而批评者又处在特别的地位。这时如果你受自尊心的驱使，当场反击，效果肯定不好。理智一些，不要当场反驳，事后再进行说明，这种处理较为有利。

（4）还有个小窍门，维护自尊时，脸皮不妨厚一点，这并不是不要尊严，而是要把握适当的度，保持最佳弹性空间。

信心决定成功的高度

不轻易动摇的信心是我们每个人所向往的，如果你想一直都有信心，甚至对于始终未曾接触过的范围，那么你一定要打从心里建立起“有信心”的信念。你得从此刻便开始学习想象并感受那份信心，相信自己有资格取得，但这可不能光做白日梦，希望着未来有一天它会平白地冒出来。当你有信心，就敢于去尝试、敢于去冒险。

要想建立信心有个办法，那就是不断练习去使用它。如果有人问你是否有信心能把鞋带紧好？相信你在事实上会以十中信心回答说没问题，为什么你敢说得那么肯定？只因为你做过这件事已经成千上万次了。同样的道理，如果你能不断从各方面练习自己的信心，迟早有一天你会慢慢地发现，不知何时信心已在那里。要想你自己能做各样的事情，你一定得去训练你的信心，千万不可害怕。很可惜的是，有许多人就因为害怕而不敢去做，甚至于根本还没做就已经退缩了。在此需要告诉各位，许多成大事、立大业的人，他们成功的根本原因就在于所拥有的信心。

自信是成功的一种习惯

知道吗？林肯在初次登上政治舞台时，非常不自信，他甚至不敢在大庭广众之下开口。他第一次面对公众演讲的时候，脸色发白，膝盖颤抖，仿佛随时都有昏倒的可能。但他并没有被这种恐惧压倒。他似乎对自己的尴尬经历看得很淡，因为他知道自己不能仅仅靠紧咬牙关，就能讲完一个长篇演讲。聪明的他决定从逐步培养自信心入手。

他决定做第一次政治巡回演讲的时候，一开始只做一些简短的演说。这样，他就不至于太紧张，就能够尽量轻松地表达自己的想法。这一方法的确很管用。

这些小小的成功积累起来便增强了他的自信心，到这次巡回讲演将近结束时，他已经可以连续讲半小时也不觉得很吃力了。后来，公共演讲成了林肯非常擅长的一种工作。林肯的故事告诉我们，先从容易的事情做起，让一次次的小成功增强自己的自信，由此，我们就会把自信养成一种成功的习惯。

最能使人前进的一种刺激，是成功后的成就感。只要把事情做成功，无论这事情是大是小，使你能从中尝到一点成功的滋味，你便会继续去渴求更大、更辉煌的成功。自信是一种需要积淀和培养的品质，它有自己的成长过程。也就是说，每当你成功地做完一件事情时，你对自己的信心就会增强一点，所以，对自己强大的信心是建立在无数的“小”成功的基础上的。

当然，成功可以是各种各样的。比如你今天又克服自己的惰性，跑了2000米；比如你又解决了一个难解的二元一次方程，或者你把老板交给你的任务完成得很漂亮，这都是一些成功的事情。虽然，它们看起来是那么微不足道，但如果我们能在小事上经常成功，就会不断充满成就感，逐渐对自己树立起坚定的信心来。

这种对自己绝对自信的品格，是一切成功的优秀人物都具有的。这正是他们通过不断取得胜利而造就的——这就是成功的习惯，它只能从许许多多的小事中得来。

经常体验一些胜利的光荣，促使自己挑战更难的工作，就可以一步步地获得坚定的自信心，使自己养成一种成功的习惯。在没有此类经历的人看来，似乎是一种需要付出非常多的劳动和品尝巨大艰辛的过程，但是对当事人来说，实际上却是不断积累的结果。

任何事情的成功都不是偶然的，它是一个积累的过程，信心也更是如此，不要眼高手低，而要扎扎实实地去做好每一件事，逐渐积累自己的信心，积累自己成功的资本！

相信自己

有一位顶尖级的杂技高手，一次，他参加了一个极具挑战的演出，这次演出的主题是在两座山之间的悬崖上架一条钢丝，而他的表演节目是从钢丝的这边走到另一边。

演出就要开始了，整座山聚满了观众，当中有记者、有主办单位、赞助商和看热闹的人群。这时，只见杂技高手走到悬在山上钢丝的一头，然后用眼睛注视着前方的目标，并伸开双臂，第一步、二步、三步，慢慢的，杂技高手终于顺利地走了过去，这时，整座山响起了热烈的掌声和欢呼声。

“我要再表演一次，这次我要绑住我的双手走到另一边，你们相信我可以做到吗？”杂技高手对所有的人说。我们知道走钢丝靠的是双手的平衡，而他竟然要把双手绑上。但是，因为大家都想知道结果，所以都说：“我们相信你的，你是最棒的！”杂技高手真的用绳子绑住了双手，然后用同样的方式一步、两步终于又走了过去。“太棒了，太不可思议了。”所有的人都报于热烈的掌声。但没想到的是杂技高手又对所有的人说：“我再表演一次，这次我同样绑住双手然后把眼睛蒙上，你们相信我可以走过去吗？”所有的人都说：“我们相信你！你是最棒的！你一定可以做到的！”

杂技高手从身上拿出一块黑布蒙住了眼睛用脚慢慢的摸索到钢丝，然后一步一步的往前走，所有的人都屏住呼吸为他捏一把汗。终于，他走过去了！掌声雷动！“你真棒！你是最棒的！你是世界第一！”所有的人都在呐喊着。

表演好像还没有结束，只见杂技高手从人群中找到一个孩子，然后对所有的人说：“这是我的儿子，我要把他放到我的肩膀上，我同样还是绑住双手蒙住眼睛走到钢丝的另一边，你们相信我吗？”所有的人都说：“我们相信你！你是最棒的！你一定可以走过去的！”

“真的相信我吗？”杂技高手问道；

“相信你！真的相信你！”所有的人都说；

“我再问一次，你们真的相信我吗？”

“相信！绝对相信你！你是最棒的！”所有的大声回答；

“那好，既然你们都相信我，那我把我的儿子放下来，换上你们的孩子，有愿意的吗？”杂技高手说。

这时，整座上鸦雀无声，再也没有人敢说相信了。

在我们现实工作中，许多人都会说："我相信我自己，我是最棒的！"当我们在喊这些口号时，我们是否真的相信自己？我们会不会一出门后或遇到一点困难就忘掉刚才所喊的这句话呢？

只有自己真的相信，才能让别人相信你。

只有自己感动了，才能感动别人。

我们首先要相信自己，这样才会从中找到感觉，感觉好了，才会有行动的欲望，行动多了，才会有经验了，才会有自信。

怎样建立自信

要成为自信的人，必须准备好以下五点：

（1）决定自己所需要的是什么，这反映了你的权利。

（2）判断自己所需要的是否公平，这反映了他人的权利。

（3）清楚地表达自己的需要。

（4）做好冒险的准备。

（5）保持心情平静。

下面几点有助于你获得自信，对你也很有帮助：

（1）自我准备：事先做简要的描述，以便知道自己的观点是否正确。不必长篇大论地去说明自己观点的合理性，简明扼要的解释就足以产生作用。事先草拟你的意见，勾画出你的解释、感受、需要或后果。这样做十分有用。根据你的草稿进行演练，必要的话，还可以请朋友帮忙一起演练。

（2）肯定他人：与人交谈时，开场白非常重要，安全的表达方式是用一种肯定性的语言。例如，"这是一篇非常好的文章，但希望你能写得通俗明白些，以便我容易读懂。"

（3）客观公正：除了解释你所见的实际情况以外，不要涉及对个人的批评。评价或批评，只能针对一个人的行为、行动和表现，而不能针对其个人，也就是平常所说的对事不对人。

（4）简明扼要：说话时为了避免其他人的阻止、插嘴和打岔，表达时尽量简明扼要，不要理论化，只要讲述具体事实就足够了。

（5）意识操纵性的批评：不要期望他人总会与你合作，会接受你的观点。尽管你希望得到赞同的意见，但这种情况不是必然的。有些人会使用操纵性的批评来分散你的注意力，损害你的努力。这种表现要么假装关心，要么坦率地直接批评。

要有快乐活着的勇气

“你快乐吗？我很快乐。快乐其实也没有什么道理告诉你，快乐就是这么容易的东西。

当把快乐这一项加在最重要的追求价值表内时，大家都说：“你跟我们不太一样，你似乎很快乐。”事实上，你是很快乐，可是却从未表现在脸上。你知道吗，内心的快乐跟脸上的快乐有很大的差别，前者能使你充满自信，对人生心怀希望，带给周围之人同样的快乐。脸上的快乐具有能消除害怕、生气、挫折感、难过、失望、沮丧、懊悔及不中用的能力，当你不管遭遇了什么事，硬是在脸上浮现笑容，就会使你觉得再也没什么比这个更让你难受的了。

要想脸上表现出快乐的样子，并不是说要你不去理会所面对的困难，而是要知道学会如何保持快乐的心情，那样就有可能改变你生活中的许多事情。只要你能脸上常带笑容，就不会有太多的行动讯号引起你痛苦。

放大自己的快乐

一位年轻的同事因车祸去世了，那天我们去了火化厂为他送行。看着昔日朝夕相处的同事静静地躺在那里，我们都抑制不住流下了泪水。

回家后，8 岁的女儿正在做作业。过去因为工作的匆忙和压力，常常回家后都脱去伪装带回疲惫和不快，女儿看我的眼光总是怯生生的。今天看到她，想起英年早逝的同事，心里竟有了一种为活着而幸福的温馨。我态度温和地问起女儿的学习。女儿放下手中的作业，先是有问有答地回答我，过了一会儿就依偎在我的身边和我谈起了她班里的事情。看着女儿认真的小脸，我的心里突然有了一种从未有过的热呼呼的感觉。

吃过晚饭，我正坐在电脑前浏览网页，不知什么时候女儿调皮地站在我身后的椅子上，两只小手交叉地轻轻挽住我的脖子，脸贴在我的脸上，一本正经地问我：“爸爸，和你谈谈好吗？”“行，说吧。”我把手从鼠标上移开。“爸爸，你以后要天天这样多好啊。”女儿由衷地说。我的眼睛一下湿热了。过去我从未认真想过自己在女儿心中的形象，总以为她是小孩子，还不懂事。我拍了拍她的小手，认真地说：“爸爸答应你，以后永远都快快乐乐的。”我郑重地向女儿承诺。

转眼大半年过去了，这期间由于单位不景气我也曾一度有些消沉，但每次回到家，总是牢记对女儿的承诺，把快乐带回家。这个周末，女儿兴冲冲地回到家，告诉我们她被同学们选上了班长，并笑问我：“爸爸，有奖励吗？”我说：“当然有，第一个奖励是咱们都再接再厉，保持咱家的快乐；第二个嘛，今天我请客，下馆子去！”

人生不如意事十之八九。的确，活在这个世上，人总会被这样那样的压力困扰着，如果我们天天忧心忡忡、度日如年，美好的生命将黯然失色。来到这个世上，我们应该为活着高兴，要有快乐活着的勇气。

自己握住快乐的钥匙

周末全家快乐的去麦当劳店吃早餐，我负责排队买早餐，老婆和孩子则上楼找位子。

我前面只站了一个人，心想五分钟之内一定就可买到。没想到服务生是位新手，频频出错，眼看旁边的几排队伍都移动得很快，比我晚到很久的客人都端着食物走了，而我前面的顾客却一动不动。我开始有些不耐烦，等到终于轮到我时，我所要的其中几样东西又需等五分钟。老婆等得有些疑惑，跑下来看个究，顺便把一些点好的食物端上楼。我继续站在柜台前等候，看看表，从进门到现在，已等了二十五分钟，太离谱了吧！搞什么啊？

我感到心跳有一点加速，血往上涌，没错，是生气的前兆。

想想今天是和家人享受轻松假期的日子，怎可让一位没有经验的服务生破坏心情呢？

当下我做了个明确的决定，就是拒绝让任何人或环境左右我的情绪，自己握住“快乐之匙”。等服务生把汉堡递给我时，我对她灿烂一笑说：“谢谢！”然后转身以愉快的心情迎向家人。

我们每人心中都有把“快乐的钥匙”，但我们却常在不知不觉中把它交给别人掌管。

一位女士抱怨道：“我活得很不快乐，因为先生常出差不在家。”她把快乐的钥匙放在她的先生手里。

一位妈妈说：“我的孩子不听话，叫我很生气！”她把钥匙交在孩子手中。

男人可能说：“上司不赏识我，所以我情绪低落。”这把快乐钥匙又被塞在老板手里。

婆婆会说：“我真命苦！我的媳妇不孝顺。”

年轻人从新华书店走出来说：“那里的服务态度恶劣，把我气炸了！”

这些人都做了相同的决定，就是让别人来控制他的心情。

当我们容许别人掌控我们的情绪时，我们便觉得自己是受害者，对局势无能为力，抱怨与愤怒成为我们唯一的选择。我们开始怪罪他人，并且传达给自己一个讯息：“我这样痛苦，都是你造成的，你要为我的痛苦负责！”

此时我们就把这个重大的责任交给了周围的人，就是要求他们使我们快乐。我们似乎承认自己无法掌控自己，只能可怜地任人摆布。

这样的人使别人不喜欢接近，甚至望而生畏。

一个成熟的人会握住自己快乐的钥匙，他不期待别人施与他快乐，反而能将快乐与幸福带给别人。

他的情绪稳定，为自己负责，和他在一起是种享受，而不是压力。

你的钥匙在那里？在别人手中吗？

快去把它拿回来吧！

生产快乐

一般字典上对快乐下的定义多半是：觉得满足与幸福。德国哲学家康德则认为：“快乐是我们的需求得到了满足。”的确，快乐是一种美好的状况，也就是没有不好或痛苦的事情存在，你觉得个人及周围的世界都挺不错。你该如何才能获得它呢?

1. 主动寻觅，用心追求才能得到

追求快乐之道，有一个大前提：那就是要了解快乐不是唾手可得的。它既非一份礼物，也不是一项权利；你得主动寻觅、努力追求，才能得到。当你领悟出自己不能呆坐在那儿等候快乐降临的时候，你就已经在追求快乐的路途上跨出了一大步了。怎么样？感觉不坏吧？先别乐，等你走完其他九步之后，你就必能到达快乐的真正境界。

2. 扩大生活领域，尝试新的事物

当你肯尝试新的活动，接受新的挑战的时候，你会因为发现多了一个新的生活层面而惊喜不已。学习新的技术、开拓新的途径，都可以使人获得新的满足。可惜许多人往往忽略了这一点，平白丧失了使自己发挥潜能、获取快乐的良机。

许多人以为自己应该等待一个适当的时机，以稳当的方法去开拓前程。这种想法未免过于保守，因为那个适当的时机可能永远不会到来。任何人的生命都不是精心设计、毫无差错的电脑程式，所以应该有准备迎接挑战的勇气。

3. 天下所有的事情并非只有一个答案

追求快乐的途径很多，不光是只有你死心眼认定的那一个。一般人往往认为自己这一生只能成功地担任一种工作，扮演一个角色，甚至以为如果不能得到或办到这一点，自己就永远不会快乐，这种想法未免太狭窄了。不能达成目标固然痛苦，可是这并不表示你从此就与快乐绝缘了，除非你自己要这样想。

对事物应采取弹性的态度，不要冥顽不灵，记住任何最好的事都不一定只有一个。当然这并不是要你放弃实际、可行、梦寐以求的目标，而是鼓励你全力以赴，使梦想实现。

4. 敢于追求梦想与希望

萧伯纳有一句名言：“一般人只看到已经发生的事情而说为什么如此呢?

我却梦想从未有过的事物，并问自己为什么不能呢？”年轻人尤其应该有梦想、有希望，因为奋斗的过程和达成目标一样，都能使人产生无比的快乐。你要有勇气梦想自己能成为一位名医、明星、杰出的科学家或作家……等，而且要全力以赴，奔向理想。

当然你的梦想要合理和具体可行，不要好高骛远，空做摘星美梦。比如你天生一副乌鸦嗓子，就别梦想变成画眉鸟！还有，你要记住，就算你无法达到这个目标也并非世界末日。布朗宁曾说：“啊！如果凡人所梦想的都唾手可得；那还要有天堂干吗？！”

5. 跟自己比，不和别人攀

从我们懂事以后，我们就感受到“成就”的压力，这种压力随着年龄的增长愈来愈强烈。因此年轻人处处想表现优异，以为自己非得十全十美，别人才会接纳自己、喜欢自己。一旦发觉自己处处不如人时，就开始伤心、自卑，结果当然毫无快乐可言。

所以你应该用自己当衡量的标准，想想当初起步错在那里？如今有无进展？如果你真的已经尽了力，相信一定会今天比昨天好，明天比今天更好。

6. 关心周围的人、事物

假如你对某些人、事、物很关心的话，你对生命的看法一定会大大的改观。如果你只为自己活，相信你的生命就会变得很狭隘，处处受到局限。自我中心的人也许会不断地进步，但是却永远不易感到满足。

那么你应该关心什么？关心谁呢？张开眼睛想一想，我们虽然平凡，至少可以帮忙学童上下学，为病人念念书，到老人院打打杂，甚至把四周环境打扫干净……只有付出一点点，你就会快乐些。心理学家艾力逊曾经说过：“只顾自己的人结果会变成自己的奴隶！”可是关怀别人的人，不但能对社会有所贡献，更可以避免只顾自己，而过着枯燥乏味、毫无情趣的生活。

7. 不要太自信，也不能无信心。

过分乐观的人总以为自己一定能达成所有的目标，因忽略了沿途的险恶，极端悲观的人老是认为成功的希望非常渺茫，不敢迈步向前。这两种人都因此失去了许多机会。

选定目标时，态度要客观，判断要实际，不要太有把握、掉以轻心，也不可缺少信心、畏首畏尾。

8. 步调太急时要放慢一点

你可能从早到晚忙这忙那，像个时钟似的团团转。可是当你停下来思索片刻时，会不会觉得不太舒服，不够满意呢？许多人因为害怕面对空虚，就用很多琐事把时间填满，结果使生活的步调绷得太紧，反而得不到真正的快乐。

把你所做的事全列出来，看看那些是可以删除的，如此你才能挪出一点空闲的时间，好好轻松一下。闲暇也像一椿奢侈品，可以使你感到满足。

9. 脸皮可以厚一点

根据专家调查研究，使人觉得满足的特点之一就是不要太在乎别人的批评，换句话说就是脸皮要厚一点。不要因外来的逆流而屈服。不要因为别人的冷言冷语就伤心气愤，以为自我受了莫大的伤害。不过你倒是应该心平气和地反省一下，如果别人的批评是正确的，你就该改进向上。如果批评是不公正的，何不一笑置之呢？！也许刚开始，你不太能掌握住应付批评的对策，因为你也许会很敏感，难免会有情绪上的反应，可是你要练习控制自己，这种技巧是终生受用不尽的。

快乐的滋味如人饮水，因人而异。能使别人快乐的事物不一定能使你快乐。唯有你自己才知道该如何去追求快乐。可是记住：千万可别守株待兔噢！快乐是只狡猾的兔子，你可提努力用心去追寻才能得到啊！

10. 快乐不是没有烦恼

每个人都有烦恼，但并非人人都不快乐。快乐也不依赖财宝，有些人只有很少的钱，但一样快乐。也有些人身家丰厚，但也不见得终日笑口常开。人们能否一生都保持快乐，愉快地生活呢？

活得活力四射一点

这作为重要的一种情绪，如果你能不能好好照顾自己的身体，那就很难享受到拥有它的快乐。你要经常注意自己是否活力充沛，因为一切情绪都来自于你的身体，如果你觉得有些情绪溢出常轨，那就赶紧检查一下身体吧。

多清醒一小时

休息并不是浪费生命，它能让你在清醒的时候，做更多有效率的事。

疲劳会降低身体对一般疾病和感冒的抵抗力；而任何一位心理治疗家，也会告诉你，疲劳同样会降低你对忧虑和恐惧感觉的抵抗力。所以，防止疲劳也就可以防止忧虑。

要防止疲劳和忧虑，第一条规则就是：经常休息，在你感到疲倦以前就休息。这一点之所以重要，是因为疲劳增加的速度快得出奇。

第二次世界大战期间，邱吉尔已 60 多岁了，却能每天工作 16 小时，他的秘诀在哪里？他每天早晨在床上工作到 11 点，他看报告、口授命令、打电话甚至在床上召开会议。午饭之后他还要睡一小时。晚上 8 点的晚餐以前还要在床上睡两小时。他并不是要消除疲劳，因为他根本不用去消除，他事先就防止了。因为他经常休息，所以能很有精神地一直工作到半夜以后。

在短短的一点休息时间里。就能有很强的恢复能力：即使只打五分钟的瞌睡，也有助于防止疲劳。

学会放松

你怎么放松自己呢？你应该从肌肉开始放松。

为了说明得具体一点，我们假定由眼睛开始，先把这一段文字读完，然后向后靠，闭上眼睛，静静地对你的眼睛说：“放松，放松，不争皱头，不争眉头，放松，放松……”你不停地慢慢地重复约一分钟……

是不是发现两眼的肌肉开始听话了？是不是感到有只手把紧张挥走了？不错，这近乎神奇。但就在刚才经历过的一分钟里，你已窥知了自我放松的秘诀与奥妙。这方法同样可用之于颚部、劲部、脸上的肌肉、双肩或整个身体。但是，最重要的器官还是在眼睛。芝加哥大学的艾德蒙·贾可布森博士说过，一旦你放松眼部肌肉，就能忘掉一切忧烦！其理由是：眼睛消耗的能量为全身神经消耗能量的四分之一。故许多视力颇佳的人，常因“眼睛疲劳”而导致视力减退，因为他们增加了眼睛的紧张。

卡耐基提出四个建议帮助你学习如何放松自己：

（1）随时保持轻松，让身体像只旧袜子一样松弛，我在办公桌上就放着一只褐色袜子，好随时提醒自己。如果找不到袜子，猫也可以。见过睡在阳光下的猫吗？它全身软绵绵地就像泡湿的报纸。懂得瑜珈术的人也说过，要想精通“松弛术”，就要学猫。我从未见过疲劳的猫，或精神崩溃，被无法入眠、忧虑、胃溃疡折磨的猫。

（2）尽量在舒适的情况下工作。记住，身体的紧张会制造肩痛和精神疲劳。

（3）每天自省四五次，自问：“我做事有没有讲求效率？有没有让肌肉做不必要的操劳？”这会让你建立起放松自己的习惯。

（4）每天晚上再做一次总反省，想想看：“我觉得有多累？如果我觉得累，那不是因为劳心的缘故，而是我工作的方法不对？”丹尼尔·乔塞林说过：“我不以自己疲累的程度去衡量工作积效，而用不累的程度去衡量。”他又说：“一到晚上觉得特别累或容易发脾气，我就知道当天工作的质与量都不佳。”如果全美国的商人都懂得这个道理，那么，因“过度紧张”所引起的高血压死亡率，就会在一夜之间下降，我们的精神病院和疗养院也不会人满为患了。

保持充沛的活力的方法

如果你希望有个健刃的身体，那就得了好学习正确的呼吸方法。

另外一个保持活力的方法，就是要维持身体足够的精力，怎样才能做到这一点？我们都知道每天的身体活动都会消耗掉我们的精力，因而我们得适度休息，以补充失去的精力。请问你一天睡几个小时呢？如果你一般都得睡上 8 至 10 个小时的话，很可能有些多了点儿，根据研究调查，大部分的人一天睡 6 到 7 小时就足够了。还有一个跟大家看上反的发现，就是静坐并不有保存精力，这也就是为什么坐着也会觉得疲倦的原因。要想有精力，因为这发“动”才行，研究发现我们越是运动就越有产生精力，因为这样才有使大量的氧气进入身体，使所有的器官都活动起来。唯有身体健康才能产生活力，有活力才能让我们应付生活中各样的问题。由此可知，我们一定得好好培养出活力，这样也才能控制生活里的各样情绪。当你的心充满一些具有活力的情绪，那么经由对人群的服务，可以让大家一同来分享富足。

活力常驻之钥

有一年的假期，一朋友和别人一同开车南下，遇上高速公路大塞车，足足花了十个多小时才到达。在车上这位朋友心浮躁，意迷乱，沿路怨言不断，好像上至交通部长，下至警察及及收费员，反正和交通状况沾得上关系的人，都是他抱怨的对象。好不容易到了目的地，一下车他就告诉别人，他被这次的堵车搞得筋疲力尽了，现在最想做的就是好好的睡上一觉，坦白地说：看他走路一副无精打采的疲累样子，而且连连打哈欠，开了这么久的车，确实花了不少体力和精神，看来谁也无法阻挡得了他去睡觉休息。可是，谁成想，这时他的移动电话突然响起，原来是他的女朋友也来了这里，约他去蹦迪，一下子看他突然生龙活虎般，冲出了屋子，跳进了车子，大声地说，他要去蹦迪。

隔天早上他精神饱满地述说，通宵达旦地狂跳，一点都不觉得累。

其实，一个人的身体状况，在很大程度上是由自己的心情和精神状态来左右的。也就是说，有很多时候，我们的疲累，不是来自身体因素，反而是受心理的影响。果真如此，治疗疲劳困倦的方法当然是要更新思想啦！

不信，当我们输入一种刺激、新颖的情趣或思想时，它马上可以把疲倦逐出，而产生一种充沛的活力。而我们也知道，最能使人疲倦的是怨恨、紧张、焦虑、灰心和不满……等负面的思想，因此如何注入一种健康正面的观念去取代它，是我们必须要学习的功课。

“少年人能疲倦困乏，青年人能失足跌倒，然而吐旧纳新必能获得新力量，必能振翼高飞有如兀鹰，疾驰而不困乏，奔走而不疲倦。”

拥有服务精神的人生观

作为这个社会的一分子，如果我们所说的话或所做的事，不仅能丰富自己的人生，同时还可以帮助别人，那种心情是再令人兴奋不过了。常常我们会被那些为了追求人生最高价值之人的故事所感动，他们无条件地去关心人们，带给人们极大的福气。每天我们都应该好好省思，到底能为人们做些什么事，别只想到自己的好处。

一个能够不断地独善其身并兼济天下的人，必然是因他明白人生的真义，那种精神不是金钱、名誉、夸奖所能比的。拥有服务精神的人生观是无价的，如果人人都能效法，这个世界定然会比今天更美好。

把别人当成自己

一位十六岁的少年去拜访一位年长的智者。

他问："我如何才能变成一个自己愉快、也能够给别人愉快的人呢？"

智者笑着望着他说："孩子，在你这个年龄有这样的愿望，已经是很难得了。很多比你年长很多的人，从他们问的问题本身就可以看出，不管给他们多少解释，都不可能让他们明白真正重要的道理，就只好让他们那样好了。"

少年满怀虔诚地听着，脸上没有流露出丝毫得意之色。

智者接着说："我送给你四句话。第一句话是，把自己当成别人。你能说说这句话的含义吗？"

少年回答说："是不是说，在我感到痛苦忧伤的时候，就把自己当成是别人，这样痛苦就自然减轻了；当我欣喜若狂之时，把自己当成别人，那些狂喜也会变得平和中正一些？"

智者微微点头，接着说："第二句话，把别人当成自己。"

少年沉思一会儿，说：“这样就可以真正同情别人的不幸，理解别人的需求，并且在别人需要的时候给予恰当的帮助？”

智者两眼发光，继续说道：“第三句话，把别人当成别人。”

少年说：“这句话的意思是不是说，要充分地尊重每个人的独立性，在任何情形下都不可侵犯他人的核心领地？”

智者哈哈大笑：“很好，很好。孺子可教也！第四句话是，把自己当成自己。这句话理解起来太难了，留着你以后慢慢品味吧。”

少年说：“这句话的含义，我是一时体会不出。但这四句话之间就有许多自相矛盾之处，我用什么才能把它们统一起来呢？”

智者说：“很简单，用一生的时间和经历。”

少年沉默了很久，然后叩首告别。

后来少年变成了壮年人，又变成了老人。再后来在他离开这个世界很久以后，人们都还时时提到他的名字。人们都说他是一位智者，因为他是一个愉快的人，而且也给每一个见到过他的人带来了愉快。

把别人当成自己，理解别人的需求，给予别人帮助。

在人生漫漫长河中，搬开别人脚下的绊脚石，有时恰恰是为自己铺路?心疼别人，有时就是心疼自己。

一杯牛奶的故事

一天，一个贫穷的小男孩为了攒够学费正挨家挨户地推销商品，劳累了一整天的他此时感到十分饥饿，但摸便全身，却只有一角钱。怎么办呢？他决定向下一户人家讨口饭吃。当一位美丽的年轻女子打开房门的时候，这个小男孩却有点不知所措了，他没有要饭，只祈求给他一口水喝。这位女子看到他很饥饿的样子，就拿了一大杯牛奶给他。男孩慢慢地喝完牛奶，问道：“我应该付多少钱？”年轻女子回答道：“一分钱也不用付。妈妈教导我们，施以爱心，不图回报。”男孩说：“那么，就请接受我由衷的感谢吧！”说完男孩离开了这户人家。此时，他不仅感到自己浑身是劲儿，而且还看到上帝正朝他点头微笑，那种男子汉的豪气像山洪一样迸发出来。

其实，男孩本来是打算退学的。

数年之后，那位年轻女子得了一种罕见的重病，当地的医生对此束手无策。最后，她被转到大城市医治，由专家会诊治疗。当年的那个小男孩如今已是大名鼎鼎的霍华德·凯利医生了，他也参与了医治方案的制定。当看到病例上所写的病人的来历时，一个奇怪的念头霎时间闪过他的脑际。他马上起身直奔病房。

来到病房，凯利医生一眼就认出床上躺着的病人就是那位曾帮助过他的恩人。他回到自己的办公室，决心一定要竭尽所能来治好恩人的病。从那天起，他就特别地关照这个病人。经过艰辛努力，手术成功了。凯利医生要求把医药费通知单送到他那里，在通知单的旁边，他签了字。

当医药费通知单送到这位特殊的病人手中时，她不敢看，因为她确信，治病的费用将会花去她的全部家当。最后，她还是鼓起勇气，翻开了医药费通知单，旁边的那行小字引起了她的注意，她不禁轻声读了出来：

“医药费——一满杯牛奶。霍华德·凯利医生”

幽默就是力量

幽默是在善意的微笑下，通过影射、讽喻、双关等修辞手法揭露生活中怪诞和不通情理之处。从心理学角度看，幽默是一种心理防御机制，它常是人们处于困难境地时，自我解脱的一种方法，并能借以达到心理上的平衡。

在日常生活中，当人们处于遭受失败的困境或生活潦倒时，幽默能帮助人们去除消极情绪，振作精神，克服困难，从而提高生活的信念。

俄国幽默寓言家克雷洛夫和他的房东订租约，贪婪的房东写上：如果房租逾期不交，就要罚款多少。克雷洛夫看了租约，提笔在后加了一个“0”。“啊！这么多！”房东惊喜欢呼。“是啊！”克雷洛夫不动声色地回答，“反正一样赔不起。”表现了一种轻松、乐观的精神和无所畏惧的信念。

在人际交往上，人们总觉得与缺乏幽默的人交往是一种负担，所以，一个人假如常常运用幽默的话，很多人就会因为他的机智、风趣而主动接近他，从而增进人际交往。

在性格特征上，幽默既能体现出一个人对事物的严肃态度，也能体现一个人的文雅素质。“诙谐、幽默”是青年人的良好性格特征之一。一个人如果喜欢并常常运用幽默的话，就会形成稳定、良好的个性特征。

在窘困的情境，幽默能缓解僵局

美国幽默大师肖伯纳遇见二位胖得像皮球似的神父，神父想让肖伯纳难堪，便对肖伯纳说：“外国人看你这么干瘦，一定以为美国人都在饿肚皮。”肖伯纳笑着回答：“外国人看到了你，一定会找到造成灾难的原因。”

一些心理学家认为，以不能同时既快乐又生气为理由，对生气的人可施行“幽默疗法”。大声欢笑的时候，愤怒心情也就一扫而光了。

清朝一位八府巡按患有抑郁症，久治不愈，后经人推荐扬州府兴化县名医赵海仙诊治。赵切脉后良久沉默不语，巡按大人追问，赵才慢慢吞吞地答道："依老朽之见，大人之疾，乃月经不调也！"巡按听后，不禁哈哈大笑，连说"庸医，庸医"。拂袖而去。此后逢人谈及，都要大笑，嘲讽一番。不料，在这一次次开怀嘲笑过程中，他的病竟不药而愈了。待他醒悟过来拜谢赵老先生并请教时，赵先生才说明"不药宽神"治病的道理。

人们的精神世界里，幽默实在是一种丰富的养料，是精神卫生的润滑剂，如果你能善用幽默，你就会拥有一份多姿多彩的生活。让我们来逐渐熟悉幽默，并努力培养幽默感吧。

幽默可以改变情绪

如果公司邀请专家来进行演讲，台上的人兴致盎然地跟台下热烈互动，正进行到一半，麦克风却忽然没有了声音，现场的气氛就这么戛然而止，留下一片愕然。

然而音响设备屡修屡败，无法短时间内修好。这下麻烦了，面对大伙儿的眼神，身为主管的你，会怎么反应呢?

先看看在企业界做训练讲师锻炼的陆总是怎么做的吧。

他没有像一些主管通常反应的那样：立刻铁青着脸，开始大声斥责下面的人事先准备不周；甚至大声地追究着："这个设备是谁要负责维修的？"这样的话，气氛更是雪上加霜，于是讲师还多了项逗主办人员开心的任务。

陆总没有这么做。他的处理方法迥然不同。在确定了与麦克风沟通无望后，他随即走出了会场。不一会儿他又回到了现场，脸上挂着顽皮的微笑，肩上则背了一个在户外广播才会用到的随身大喇叭。全场一片哄堂大笑，讲师也心领神会，开心地接过大喇叭，把喇叭对准了远方，开始激昂地大声广播："亲爱的共军弟兄们，请别再破坏我们的通讯设备了，你们已经被包围，快投降吧！"

顿时，全场爆笑，讲师自己也忍不住笑弯了腰。抬起头，转身向陆总眨了眨眼睛，谢谢他精彩的开头，激活全场幽默响应的心理能量。

事实上在职场中，幽默感是最好的情绪防弹衣，也是永不生锈的情绪发动机。拥有良好幽默能力的人，就有办法彻底发挥情绪效能，创造亮眼的绩效及表现。

你我当然都喜欢跟幽默的人一起工作，因为他们很有趣。然而从情绪智能的角度而言，幽默感的功用绝不仅此而已，幽默可是个深厚的情绪艺术，可以达成多项职场的情绪任务。

1. 化解冲突

幽默感能帮助我们辨识任何情况中的喜剧潜力，因而用嬉笑代替怒骂，化解对峙的紧绷。

例如有位乘客在机场的航空公司柜台大发雷霆，为了班机因天气原因延迟起飞而对着地勤人员发脾气，并高声要求该负责的主管出面说明。“没问题，我帮您转接负责的主管。”这位被骂得狗血喷头的职员微笑着拿起了电话拨号，接着他对着电话说：“亲爱的上帝，我们有乘客不满意您的服务，您要不要亲自对他做个说明呢？”

哈！这个上帝级的幽默当然就摆平了客户的怒气。

2. 应付压力，度过低潮

幽默感需要的是一种嬉戏的心理架构，它让我们能在任何挫折中发现勇气及希望。而这其中的秘诀，就在于跳开自己的角色，用第三者旁观的眼光来看待自己的处境。

例如跟老板闹翻而失业了，有人气急败坏，有人却能轻松跳开：“我一直嚷嚷着想要放长假而不知如何向老板开口，现在终于知道了，原来对老板大吼大叫就会如愿以偿！”

3. 联系团体

幽默感在工作团队中还有项重要的功能——增加团队凝聚力。因为幽默感之所以能发挥成效，首先得要团体中的成员能理解这个笑话（否则就成了冷笑话啦），而这个互相理解思路转折，互相分享情绪变化的经验，会让大伙儿在哈哈大笑后，感觉彼此变得更信任，更愿意坦白，也更能随和相处。

所以有幽默感的工作团队，会有较佳的团体生产力。

4. 帮助学习，增加创意

另外，心理学上的研究发现，懂得幽默而时时发笑的人在学习时效果特佳，而其解决问题的创意也特别灵活丰富。脑筋不打结，升迁之事当然也就遇乐无阻了。

幽默的力量

幽默不是刀枪剑棍、武林绝技，也不是排山倒海的兵力，她是一种言语或行动，是智慧与知识的综合，在智慧之力、知识之力的辉映下，幽默也就具有化险为夷的魔力。当你处于四面楚歌的危险境地，处于受人非难的尴尬时刻，幽默给你转败为胜的力量。

一次晚会上，有位名人在描述一个小岛时也没忘了挖苦犹太人，他说：“那儿最令我惊奇的是竟没有犹太人和驴子。”一些软弱的犹太人只好忍气吞声，海涅却不然，他并未拍案而起，只是镇定而又幽默地说：“先生，如果我和你同去那个小岛，就正好能弥补那个缺陷了。”海涅摆脱了尴尬处境，维护了犹太人的尊严。

大文豪肖伯纳脊椎有毛病，从脚跟上截一根骨头来补损。手术后，医生想敲他竹杠，说：“萧伯纳先生，这是我从未做过的新手术啊！”肖伯纳风趣地回答说：“好极了，你打算付给我多少实验费呀？”于是，萧伯纳借幽默的魔力打破了医生的小算盘，反客为主，化险为夷。

幽默借助语言或行动，作用于人的心理，改变了矛盾指向，完成了矛盾双方的角色转换，最终化险为夷，这一过程正好是幽默魔力发生作用的机制。

1. 精神家园的撑力

维持精神家园的灿烂阳光，摆脱沮丧悲观、烦恼惆怅的郁闷情绪，幽默感可以让你做得到。

人们要对生活抱着幽默的态度，要淡化苦难，苦中求乐，人们要在失望时看到希望；人们应“猝然临之而不惊，无故加之而不怒”，保持一份平和心境。做到了这些，你的精神之树就会长青，你心中的信念长城就不至于颓然倒地。

完全可以说:“幽默可以给人们精神家园以强大的支撑力,使人们在苦乐交加、曲折变幻的人生道路上百折不挠,享受到真正的人生价值。”

在死亡面前,丘吉尔幽默地说:“我已经准备好去见上帝,可上帝准备了什么来见我呢?”法国革命家丹东就义前大声喊道:“把我的头拿去吧!我的头是值得一看的。”美国小说家欧·亨利临终前则说:“把灯全点上吧,我不想在黑暗中回老家去。”

面对死亡,这些智者尚且能保持一份超然、幽默的头脑,这该是多么非凡的气度啊!

苏联学者阿诺欣院士说:“我们应该学会用幽默锻炼我们的情感,就像锻炼肌肉一样。”契诃夫也曾告诫人们:“朋友,要是火柴在你的衣袋里烧起来了,那么你应当高兴,而且感谢上帝,多亏你衣袋里不是火药库。要是你手指头扎了一根刺,那你应当高兴,挺走运,多亏这根刺不是扎在眼睛里……”

美好的精神家园,不妨用幽默去支撑!

2. 市场竞争的实力

市场经济条件下,幽默成了一种无形的竞争资本,显示出了独特魅力。这首先表现在人才竞争中。

在一次电视台主持人招聘面试中,考官问一位女学生:“三纲五常中的‘三纲’指什么?”这名女学生答道:“臣为君纲,子为父纲,妻为夫纲。”她刚好把三者关系颠倒了,引起哄堂大笑。可她镇定自若,幽默地说:“我指的是新‘三纲’,我们国家人民当家做主,领导是人民的公仆,当然是‘臣为君纲’;计划生育产生了大量的‘小皇帝’,这不是‘子为父纲’吗?如今,妻子的权利逐渐升级,‘妻管炎’‘模范丈夫’流行,岂不是‘妻为夫纲’吗?”

这位女学生机敏幽默的回答,显示了她的口才与智慧,显示了她竞争的实力,最终使她顺利通过了面试。

幽默不仅为人才竞争提供实力,而是为商品竞争、公关广告宣传立下汗马功劳。

英国有位青年要做美国“P·K·D”生发剂总经销商，他雇了10位男士，并在他们光秃秃的头上写上“P·K·D”生发剂的字样，有的还画了令人啼笑皆非的画。这10位男士穿梭于大街小巷，立刻引起了几乎所有群众的强烈注意，新闻传媒还就此做了许多宣传。一时间，“P·K·D”生发剂不胫而走，家喻户晓。

幽默与广告的结缘，使广告显示出独特的魅力，引起了广告受众的强烈注意与久久回味，最终使他们采取购买行动，真正达到了广告促销的目的。这是一般形式的广告所无法比拟的。这正如著名的广告设计师约翰·马丁所言：“如今，一般形式的广告已不能吸引大多数人。我们的唯一选择就是在广告的幽默趣味上下功夫，让人感兴趣，得到充分的愉悦，才能真正让广告影响受众。”

没错，幽默可以提供竞争实力，可以创造机遇，可以换来财富。精明的商家已日渐看重这一点，纷纷打起“幽默牌”，以求在广告促销战中大获全胜。

3. 摆脱困境消除烦恼

幽默感的一个主要作用是使你在艰难困苦、诸事不利的境况下，或者遇到猝发事件时，能保持心理上的稳定，从而确保你能冷静地、合情合理地对自己面临的状况或事件，做出正确和恰当的处理。

杰出的英国戏剧家肖伯纳的名字几乎与幽默成为同义词了。一天，年迈的肖伯纳在街头被一个骑自行车的人撞倒，虽然没有发生事故，但这一惊吓也非同小可。那个人立即扶起戏剧家，并喃喃地向他道歉。然而，肖伯纳打断了他，对他说：

“不，先生，您比我更不幸。要是您再加点劲儿，那就可作为撞死肖伯纳的好汉而永远名垂史册啦！”

幽默感给了肖伯纳以惊人的自制力。肖伯纳的这句幽默话使双方都摆脱了困境。

美国小说家马克·吐温的机智幽默，同他的小说一样，也享有盛名。有一次，他去某小城，临行前别人告诉他，那里的蚊子特别厉害。到了那个小城，正当他的旅店登记房间时，一只蚊子正好在马克·吐温眼前盘旋。那个职员面露尴尬之色，忙驱赶蚊子。马克·吐温却满不在乎地对职员说：“贵地的蚊子比传说中的不知聪明多少倍。它竟会预先看好我的房间号码，以便夜晚光顾，饱餐一顿。”大家听了不禁哈哈大笑。结果这一夜马克·吐温睡得十分香甜。原来，旅馆全体职员一齐出动，想方设法不让这位博得众人喜爱的作家被“聪明的蚊子”叮咬。

一个人的语言可以像优美的歌曲，也可以像伤人的利剑。幽默机智的话能使人产生喜悦满足之感，令人久久难忘。因此我们可以说，幽默的作用之一是在无法令人满意的情况下使人产生满足感，保证情绪的稳定，不致说出刺人的言语或做出过激的行动。

4. 交往中的润滑剂

心理学家们认为，除了认识和劳动之外，交际是形成人的个性的重要活动。

幽默，在某种意义上讲，是人与人交往中的润滑剂，它可以使人们的交际变得更顺利，更自然。

下面这样的情况在生活中是屡见不鲜的：某人打算向自己的朋友提出一个要求，但不知道对方能不能应允。当然，这一要求一旦被对方拒绝，定然令人难堪，甚至会危及多年的友谊。而幽默往往是解决这种令人困窘局面的最好办法。也就是说，他应该以开玩笑的方式提出自己的要求。如果那个熟人由于种种原因不可能或者不愿意满足这一要求，他可以同样以开玩笑的方式宛转地予以拒绝。

这样，任何一方都不会感到为难或自尊心受到损害。如果以幽默的方式所提出的要求为对方所应允了，那么，两人经过半开玩笑的一番交谈以后，便可转入严肃认真的讨论。这时幽默作为一种不得罪人的“侦察方式”，起到了试探作用。

幽默能稳定集体的情绪，特别是当一个集体正酝酿着一场冲突时。这时，恰到好处地说几句幽默风趣的话能缓和紧张的气氛，使剑拔弩张的情绪平稳下来。

著名的挪威探险家图尔·赫伊叶尔达勒在为“野马号”挑选乘员时，就十分注意他们是否有足够的幽默感。

他曾经这样写道：“狂暴的寒风、低沉的乌云、弥漫的雨雪，与六个由于性格不同、主张不一而可能出现的威胁相比，只是较小的危险。我们六个人将乘坐木筏，在汹涌的洋面上漂流好几个月。在这种条件下，开开有益的玩笑，说几句幽默的话，对我们来说，其重要性决不亚于救生圈。”

5. 用幽默提升管理魅力

幽默作为一种激励艺术，在日常的交往中有着重要的作用。在富有幽默艺术的领导、主管周围，很容易聚集一批为他效力的员工，员工在与他们的主管共事时，主管的幽默会摆脱许多尴尬情景，使员工保住面子，并为有你这样的主管而高兴，并为你勤奋工作。

有一次，林肯与一位朋友边走边交谈，当他们走至回廊时，一队早已等候多时、准备接受总统训话的士兵齐声欢呼起来，但那位朋友还没有意识到自己应退开，这时，一位副官走上前来提醒他退后八步，这位朋友才发现自己的失礼，立即涨红了脸，但林肯立即微笑着说：“白兰德先生，你要知道也许他们还分辨不清谁是总统呢！”就这么一句简简单单的话语，立刻打破了现场的尴尬气氛。

人应该善待自已，善待他人，善待生活中的失败、痛苦，甚至身体的缺陷。如果你换个角度去看，用有趣的思想，轻松的心态去对待，也许能使你的生活充满亮色，使你本来忧郁的心情像满天的乌云被吹散一样明朗。

美国一位肥胖的女政治家在竞选演讲中自我解嘲：“有一次我穿上白色的泳装在大海里游泳，结果引来了苏联的轰炸机，以为发现了美国的军舰。”结果在笑声中，选民反不以其肥胖为意，使她在竞选中处于优势。

从管理的角度看，幽默不只是孩童的把戏，开心的笑脸，它和提高生产效率应该是相辅相成的。竞争的加剧，经济的动荡，企业员工面对着超乎寻常的压力。对公司而言，如何保持员工的士气，同时又能激发他们的创造性和“突破桎梏的思维”显得比任何时候都重要。

运用幽默进行管理，管理者往往可以取得很好的效果。据美国针对1160名管理者的调查显示：77%的人在员工会议上以讲笑话来打破僵局；52%的人认为幽默有助于其开展业务；50%的人认为企业应该考虑聘请一名“幽默顾问”来帮助员工放松；39%的人提倡在员工中“开怀大笑”。一些著名的跨国公司，上至总裁下到一般部门经理，已经开始将幽默融入到日常的管理活动当中，并把它作为一种崭新的培训手段。

幽默的力量还可以融洽人际关系，化解公司的内部矛盾。经济的衰退使公司不得不面对裁员问题时，还可以利用幽默化解裁员过程中可能出现的各种风险。美国欧文斯纤维公司曾在新世纪之初解雇了其40%的员工，考虑到可能由此而引起的种种问题，该公司管理层聘请了专门的幽默顾问，利用两个月的时间对1600多名员工施行了幽默计划，在公司内开展了各种幽默活动。结果，没有出现公司所担心的聚众闹事、阴谋破坏、威胁恫吓、企图自杀等可怕后果。

人都喜欢与幽默的人一起相处，在西方，没有幽默感的先生，简直就是没魅力、愚蠢的代名词。幽默的主管比古板严肃的主管更易于与下属打成一片。有经验的主管都知道，要使身边的下属能够和自己齐心合作，就有必要通过幽默使自己的形象人性化，怎样才能使自己成为一个幽默的主管呢？

博览群书，拓宽自己的知识面。知识积累得多了，与各种人在各种场合接触就会胸有成竹，从容自如。

培养高尚的情趣和乐观的信念。一个心胸狭窄，思想消极的人是不会有幽默感的，幽默属于那些心宽气明，对生活充满热忱的人。

提高观察力和想象力，要善于运用联想和比喻。作为一名企业主管，要有意识地训练自己对事物的反应和应变能力。

多参加社会交往，多接触形形色色的人，增强社会交往能力，也能够使自己的幽默感增强。

当然幽默是一种创造性的本领，要随机应变，根据对象、环境以及刹那间的气氛而定。